地质资源与地质工程一流学科建设经费资助
中国地质大学(武汉)教学研究项目经费资助

本科生海外联合地质实习探索与实践

Experience of Overseas Joint Geological Practice for Undergraduate Students

——以中国地质大学(武汉)与澳大利亚詹姆斯·库克大学联合地质实习为例

李占轲　李建威　刘明辉　**等编著**

中国地质大学出版社
CHINA UNIVERSITY OF GEOSCIENCES PRESS

图书在版编目(CIP)数据

本科生海外联合地质实习探索与实践:以中国地质大学(武汉)与澳大利亚詹姆斯·库克大学联合地质实习为例/李占轲等编著.—武汉:中国地质大学出版社,2021.12

ISBN 978-7-5625-5033-4

Ⅰ.①本…

Ⅱ.①李…

Ⅲ.①地质调查-教育实习-教学研究-高等学校-中国、澳大利亚

Ⅳ.①P62

中国版本图书馆CIP数据核字(2021)第097094号

本科生海外联合地质实习探索与实践

——以中国地质大学(武汉)与澳大利亚詹姆斯·库克大学联合地质实习为例

李占轲　李建威　刘明辉　**等编著**

责任编辑:韦有福　　选题策划:韦有福　　责任校对:徐蕾蕾

出版发行:中国地质大学出版社(武汉市洪山区鲁磨路388号)　邮政编码:430074

电　话:(027)67883511　传　真:(027)67883580　E-mail:cbb@cug.edu.cn

经　销:全国新华书店　http://cugp.cug.edu.cn

开本:787毫米×960毫米 1/16　字数:127千字　印张:6.5　附图:1

版次:2021年12月第1版　印次:2021年12月第1次印刷

印刷:湖北新华印务有限公司

ISBN 978-7-5625-5033-4　定价:68.00元

前　言

推进世界一流大学和一流学科（“双一流”）建设是当前我国高等教育的重点工作，其中提升高等教育的国际化水平和国际竞争力是“双一流”建设的核心要义。通过广泛且有深度的国际交流与合作，学习借鉴国际一流大学和一流学科的办学理念、授课模式、科研思维方式，总结人才培养、科研创新、师资队伍建设等方面的高质量发展经验，有助于加快推进我国高校“双一流”建设。实践能力是地质类专业学生的核心能力之一，重视实践教学是我国地质教育长期坚持的优良传统。野外地质实习是地质实践教学的重要环节和专业特色，对于培养学生专业兴趣、巩固专业知识和提高实践能力有着不可替代的作用。在“双一流”建设背景下，海外联合地质实习这一模式有效融合了国际化培养和地质实践教学两个重要部分，是地质类一流学科建设和人才培养的创新之法。

中国地质大学（武汉）依托“地质资源与地质工程”一流学科建设平台，近几年在本科生海外联合地质实习方面进行了有益探索与实践。我校“地质资源与地质工程”学科历史悠久、特色鲜明、优势突出，在历次学科评估中均名列全国第一，2017 年入选国家首批“双一流”建设名单。2015—2017 年，我校与澳大利亚詹姆斯·库克大学先后签署了合作备忘录以及本科生和研究生联合培养协议，为两校间联合地质实习项目的立项和实施奠定了基础。2017—2019 年，我校资源学院连续三年选拔优秀本科生访问詹姆斯·库克大学，并前往澳大利亚昆士兰州西北部的芒特艾萨（Mount Isa）地区（澳大利亚矿业重镇），与该校地质类专业本科生共同开展为期 18 天的联合地质实习。联合地质实习由澳方教师主讲，全程用英语授课，实习内容包括地质填图培训、分组独立填图和典型矿山考察 3 个部分。联合地质实习使我校学生在岩石和矿物鉴定、构造识别与变质变形解译、典型矿床矿化和蚀变特征观察与分析、综合地质填图、专业英语听说读写等方面得到很好的提升，同时还推动了两校师生之间的交叉融合，为地质类学科国际化、复合型人才培养探索了新途径，得到了参与双方学生、老师的一致好评。

依托上述联合地质实习项目，资源学院组织参与实习的师生对实习内容与实习经验进行总结并编写成书。全书包含五个章节和两个附录:第一章介绍了两校联合地质实习项目概况;第二章综述了联合实习区的地质背景;第三章重点描述了联合实习过程和主要内容;第四章是联合实习经验总结;第五章介绍了海外的风土见闻。附录一收录了五位同学参加联合地质实习的心得体会。附录二列出了实习区常见中英文地质词汇表。本书是参与海外联合实习的中方师生共同编写的成果,主要编写人员有李占轲、李建威、刘明辉、陶欢、刘思祺、周旭辉、刘瑞钦、张浩翔、郭晟彬、王珍、成凯得、张霄羽、郑帅、杨乐乐、周子强等。全书最终由李占轲、李建威、刘明辉统一修改并定稿。本书不仅可以作为实习指导书供未来参加该联合地质实习的我校学生使用,也可为国内地质类学科的兄弟院校开展本科生国际交流与联合实习项目提供借鉴。

海外联合实习项目和本书出版受到中国地质大学(武汉)地质资源与地质工程一流学科建设经费、教务处教学研究项目经费、国际合作处本科生国际交流经费和国家第二批新工科研究与实践项目经费(E-KYDZCH20201817)的共同资助。资源学院高复阳书记、张建华副书记、沈传波副院长以及学工组王向东(现任职于学生就业创业指导处)、吴超、史邵贤老师参与了海外联合实习项目组织实施。詹姆斯·库克大学 Paul Dirks 教授、常兆山教授(现任教于美国科罗拉多矿业学院)、Ioan Sanislav 博士为联合地质实习主讲教师。该校经济地质研究中心(EGRU)办公室Judy Botting 女士和 Kaylene Camuti 女士参与接待我校学生访问詹姆斯·库克大学事宜并参与组织两校学生的联合地质实习工作。资源学院资源系赵新福教授、孙华山副教授等老师对海外实习项目建设和本书的出版提出了宝贵意见。在此对以上人员一并致以衷心的感谢!

由于编者水平有限,书中不足之处敬请批评指正。

编著者

2021 年 10 月 20 日

目　录

第一章　联合地质实习项目概况

第一节　实习项目背景

地质类专业的实习教学以实践性强为突出特点，野外实践教学与室内课堂理论教学构成了地质教育的两大体系。作为地质学科的专业特色和地质人才培养的重要环节，野外地质实习长期以来受到了国内外地质教育工作者的高度重视，众多地质教育工作者从教学体系和方法、实习基地建设等方面进行了深入的探索与研究。国际化是世界高等教育发展的时代潮流，在世界一流大学和一流学科的“双一流”建设的背景下，我国各大重点院校都在大力推行本科教育国际化战略。中国地质大学（武汉）于 2018 年实施的一流学科建设方案中提到“学校坚持实施人才强校、科技兴校和国际化战略，大力推进以学术卓越计划为核心的综合改革”，凸显了国际化战略在中国地质大学（武汉）实现一流学科建设中的重要作用。国际化战略中的人才交流和培养，不仅要把海外的优秀教育和科研人才“请进来”，而且还要把优秀的本科生“送出去”接受优质的海外教育。

中国地质大学（武汉）资源学院依托“地质资源与地质工程”一流学科建设平台，通过输送优秀本科生赴海外知名高校开展联合地质实习的方式，对地质实践教育与国际化教育的融合进行了有益探索与实践。自 2017 年以来，资源学院连续三年选拔优秀本科生，由专业教师带队前往澳大利亚詹姆斯·库克大学，同该校地质类专业本科生一道，在澳大利亚昆士兰州西北部的芒特艾萨（Mount Isa）地区开展为期 18 天的联合地质实习。联合地质实习整体效果显著，得到了参与双方学习的学生和老师的一致好评。该项目的顺利开展，不仅有助于中国地质大学（武汉）培养具备独立填图能力和具有海外访学经历的复合型地质人才，而且为国内地质类兄弟院校开展本科生国际实习项目提供借鉴。

第二节 海外合作大学

詹姆斯·库克大学(James Cook University,JCU)位于澳大利亚昆士兰州著名海滨城市汤斯维尔(Townsville),地处举世闻名的世界遗产大堡礁中心地带,学校面积386万平方米,是覆盖整个澳大利亚东北部的公立大学,也是澳大利亚国内最顶尖的研究型大学之一(图1-1、图1-2)。除了汤斯维尔主校区外,詹姆斯·库克大学还在昆士兰州凯恩斯(Cairns)、布里斯班(Brisbane)两个城市设有分校区,并在新加坡(Singapore)设有直属国际校区。科学与工程学院(College of Science and Engineering)是詹姆斯·库克大学七大学院之一,其中地球与环境科学是该院科研水平较强的一个学科,依据科研影响力和质量排名,该学科获得了澳大利亚大学的四级认证。

图1-1 Stuart山脚下的詹姆斯·库克大学校园

詹姆斯·库克大学的经济地质研究中心(EGRU,Economic Geology Research Unit)隶属于该校科学与工程学院。该中心依托澳大利亚昆士兰州丰富

图 1-2　2018 年参加联合地质实习的中国师生在詹姆斯·库克大学校门处合影

的矿产资源，开展了大量极具影响力的矿床成因研究工作和富有成效的找矿勘查工作，在国际矿床学界享有盛誉。EGRU 不仅是矿床研究中心，也是矿产资源行业的服务和信息中心。在超过 35 年的时间里，EGRU 一直与澳大利亚矿业界保持密切联系，为勘探和采矿行业合作研究项目、专业发展培训和信息资源共享提供支持，在提供高质量和行业导向的研究与培训方面有着悠久且卓越的历史。

中国地质大学(武汉)与詹姆斯·库克大学于 2015 年 1 月签订了合作备忘录，双方计划在学生交流和培养方面加强合作；随后两校在 2015 年 10 月和 2017 年 3 月签订了联合培养本科生和博士生交流计划共两份协议。海外联合地质实习项目正是在两校合作协议的基础上开展的。

第三节　实习课程介绍

联合地质实习课程是中国地质大学(武汉)资源学院与澳大利亚詹姆斯·库克大学科学与工程学院的本科教育合作项目。该门课程由詹姆斯·库克大学 EGRU 主导建设，Paul Dirks 教授、常兆山教授(现任教于美国科罗拉多矿业学院）和 Ioan Sanislav 博士为课程主讲教师。詹姆斯·库克大学参与学生为地质学专业本科三年级学生，中国地质大学（武汉）参与学生为资源勘查工程专业本科三年级学生。

实习区位于澳大利亚昆士兰州西北部的芒特艾萨（Mount Isa）地区，这里是世界著名的矿产资源产地，主要矿床类型包括 SEDEX（Sedimentary Exhalative）型铅-锌-银矿床、IOCG（Iron Oxide Copper Gold）型铜-金-铀矿床以及沉积型铜矿床。Mount Isa 地区地质演化历史较为复杂，尤其是元古宙，经历了两期大规模的造山事件（Baramudi and Isan）和多期变形变质及盆地拉张事件，地质现象极为丰富。元古宙以后构造演化日趋平静，使得原有的地质现象得到了很好的保留。填图区植被不甚发育，露头裸露条件较好，是詹姆斯·库克大学的传统填图区。实习主要内容包括识别实习区岩石岩性、构造、蚀变以及矿化等地质现象，开展大比例尺综合地质填图，制作沉积地层柱状图和构造赤平投影图，并结合不同期次地质事件讨论其与成矿的关系，最后是参观典型矿山。学生通过本次联合地质实习，能够综合运用所学地质基础知识，在岩石和矿物鉴定、地质填图、专业英语听说读写等多个方面得到很好地锻炼与提升。

联合地质实习主要分为 3 个部分：地质填图培训、分组独立填图和典型矿山考察。第一部分实习在 Mount Isa 东部褶皱带的 Snake Creek 地区进行，内容侧重于沉积地层和变质变形作用。实习过程中，主讲教师首先带领大家对实习区进行踏勘，辨认主要地层和岩性，认识特殊构造和蚀变现象等（图 1-3），接着带领大家开展 1～2 条线路的填图教学，培训大比例尺网格填图技能。第二部分实习在 Mount Isa 东部褶皱带的 Mary Kathleen 地区进行，内容侧重于沉积序列、岩浆活动、矽卡岩化及成矿活动，填图难度增加。主讲教师在该部分实习开始时先对实习区典型岩性进行介绍，之后为持续多天的小组独立填图。每个填图小组由 2 名澳大利亚学生和 1 名我校学生共 3 人组成，要求小组成员在野外相互协作，共同完成填图实习任务（图 1-4）。第三部分实习由主讲教师带领同学们参观和考察 Mount Isa 铜铅锌矿床和 Mary Kathleen 铀-稀土矿床，重点观察矿体野外露头以及钻孔岩芯，并厘清该地区不同类型成矿事件与区域地质事件的关系。前两部分实习结束后，每位同学均需提交实习区填图图件（包括区域大图、地层柱状图、赤平投影图以及大比例尺网格填图）和全英文实习报告。

图 1-3 主讲教师 Paul Dirks 教授指导学生鉴定实习区典型岩石

图 1-4 中澳学生组成填图小组合作开展地质填图

第四节　实习效果总结

通过参加海外联合地质实习，同学们的专业知识、填图能力、英语水平和综合素质均有较大提高，实习效果显著。

(1)提高了学生主动分析、解决问题和独立填图的能力。实习区地质演化复杂，实习现象丰富，尤其是多期地质事件与区内不同类型矿床形成有密切关系，为锻炼学生的地质认识与地质填图能力提供了很好的自然条件。另外，课程主讲教师专业能力强，教学经验丰富，善于开展引导式、探究式的教学，注重培养学生发挥主观能动性的能力。该联合地质实习课程提高了学生主动运用所学知识分析问题和解决问题的能力，尤其提高了学生独立填图的能力。

(2)强化了学生国际交流能力、拓宽学生国际视野。我校在已有国内野外实践教学的基础上，为学有余力的优秀本科生提供国外地质实习课程，使他们能够接受更多样且优质的教育资源，既促进了我校与澳大利亚詹姆斯·库克大学在本科教学方面的合作与交流，又强化了学生的国际交流能力，拓宽了学生的国际视野。

(3)提高了学生英语口语和专业英语水平。在海外联合地质实习过程中，我校学生与澳大利亚学生在实习基地共同生活近3周，并组队开展填图工作，这为我校学生提供了锻炼英语口语的绝佳机会。实习过程中需要用到大量的专业英语词汇，且实习结束后需要用英文撰写实习报告，以上都大大提高了参与学生的专业英语水平。

(4)增加了学生对所学专业的兴趣。该实习内容不仅涉及到地质填图，而且包括了两条典型矿山的考察路线。通过考察国外大型矿山以及观察典型矿石，有助于增加学生对所学专业的兴趣。该海外实习项目的顺利实施也有助于在低年级本科生中形成品牌效应和口碑效应，帮助低年级本科生培养专业兴趣，激励他们学好专业知识并积极参加以后的海外地质实习项目。

(5)培养了学生的团队意识和协作能力。实习课程的第二部分要求3人一组合作开展小比例尺填图，最后共同提交1幅图件，并分别完成实习报告。该部分实习工作量较大，需要各小组合理规划、分工合作、互帮互助才能顺利完成，这种方式既培养了学生们的团队意识，又提高了学生们的协作能力。

第二章 联合实习区的地质背景

第一节 大地构造演化

澳大利亚联合地质实习区隶属于昆士兰州西北部的 Mount Isa 内窗层(inlier),位于澳大利亚北部克拉通(NAC,North Australia Craton)。北部克拉通(NAC)、南部克拉通(SAC)和西部克拉通(WAC)是澳大利亚元古宙地壳的主要组成部分(图 2-1)。Mount Isa 内窗层从西到东依次分为 3 个构造区域:西部褶皱带(WFB,West Fold Belt)、Kalkadoon-Leichhardt 带(KLB,Kalkadoon-Leichhard Belt)和东部褶皱带(EFB,East Fold Belt)(图 2-2)。

该地区大地构造演化史主要集中于元古宙,包含以下 4 个地质事件:元古宙基底形成、Barramundi 造山运动、板内洋盆发展以及 Isan 造山运动。

一、元古宙基底形成

Mount Isa 内窗层的岩石基底在约 1800Ma 前形成,目前对基底形成时的构造背景和地质演化尚存在争论。

基底岩石主要出露于 Kalkadoon-Leichhardt 带和西部褶皱带的南部地区,包括在 Barramundi 造山运动期间变质为角闪岩相的古元古代地壳,Kalkadoon 和 Ewen 岩基(英云闪长岩、花岗闪长岩和花岗岩)以及与它们同时期的 Leichhardt 火山岩(长英质火山岩)(Blake,1987;Etheridge et al,1987;Page and Williams,1988)。基底岩石以混合岩相—片麻岩相(如 Kurbayia 混合岩)为主,

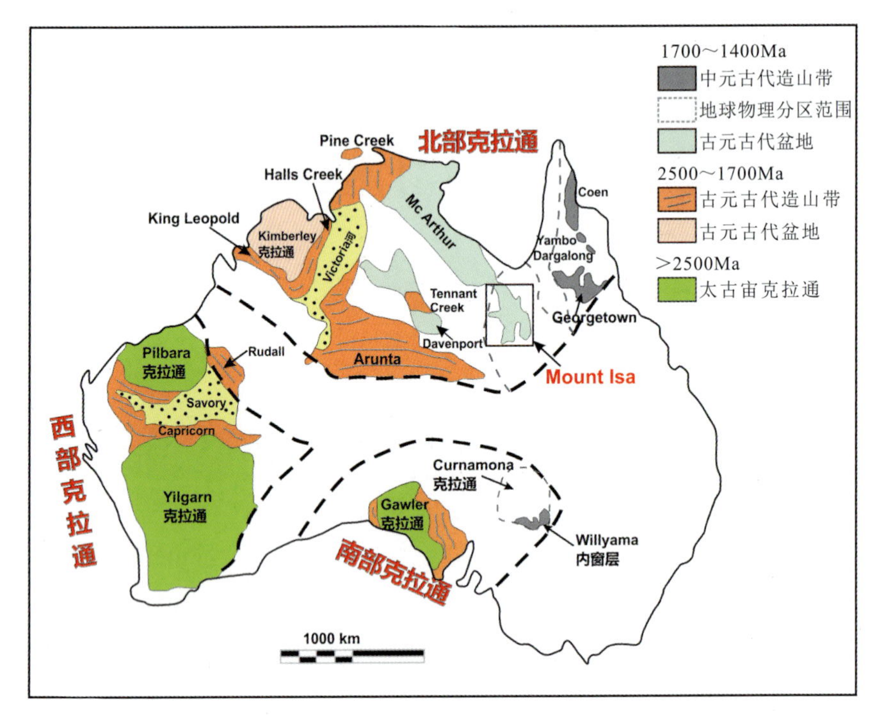

图 2-1　澳大利亚元古宙主要构造单元(据 Betts et al,2002)

其次为绿片岩相、片岩相和千枚岩相(如 Yaringa 变质岩、St Ronans 变质岩)(Foster and Rubenach,2006)。

目前学者们争论的焦点是 Mount Isa 内窗层基底的性质和演化历史。Wyborn 和 Page(1983)认为,Kalkadoon 和 Ewen 花岗岩岩基的初始$^{87}Sr/^{86}Sr$比值较低,没有继承锆石,表明它们的源区形成年龄与侵位年龄相差不大,地壳停留时间不超过 230Ma。他们进而推断 Mount Isa 内窗层下面的陆壳有很大一部分是在 2100～1900Ma 期间从地幔分异而来。相比之下,McDonald 等(1997)对 Kalkadoon 花岗岩进行 SHRIMP U-Pb 定年,得到锆石核部年龄为 2500～2420Ma,并指出这是岩浆从亏损地幔源区分离出来的结晶年龄。他们还发现,地壳基底和 Kalkadoon 岩基具有强烈的岛弧玄武岩地球化学特征,类似于太古宙奥长花岗岩—英云闪长岩—花岗闪长岩岩套(TTG)。在这种观点中,Kalkadoon 岩基被认为是由具有岛弧玄武岩特征的下地壳部分熔融形成

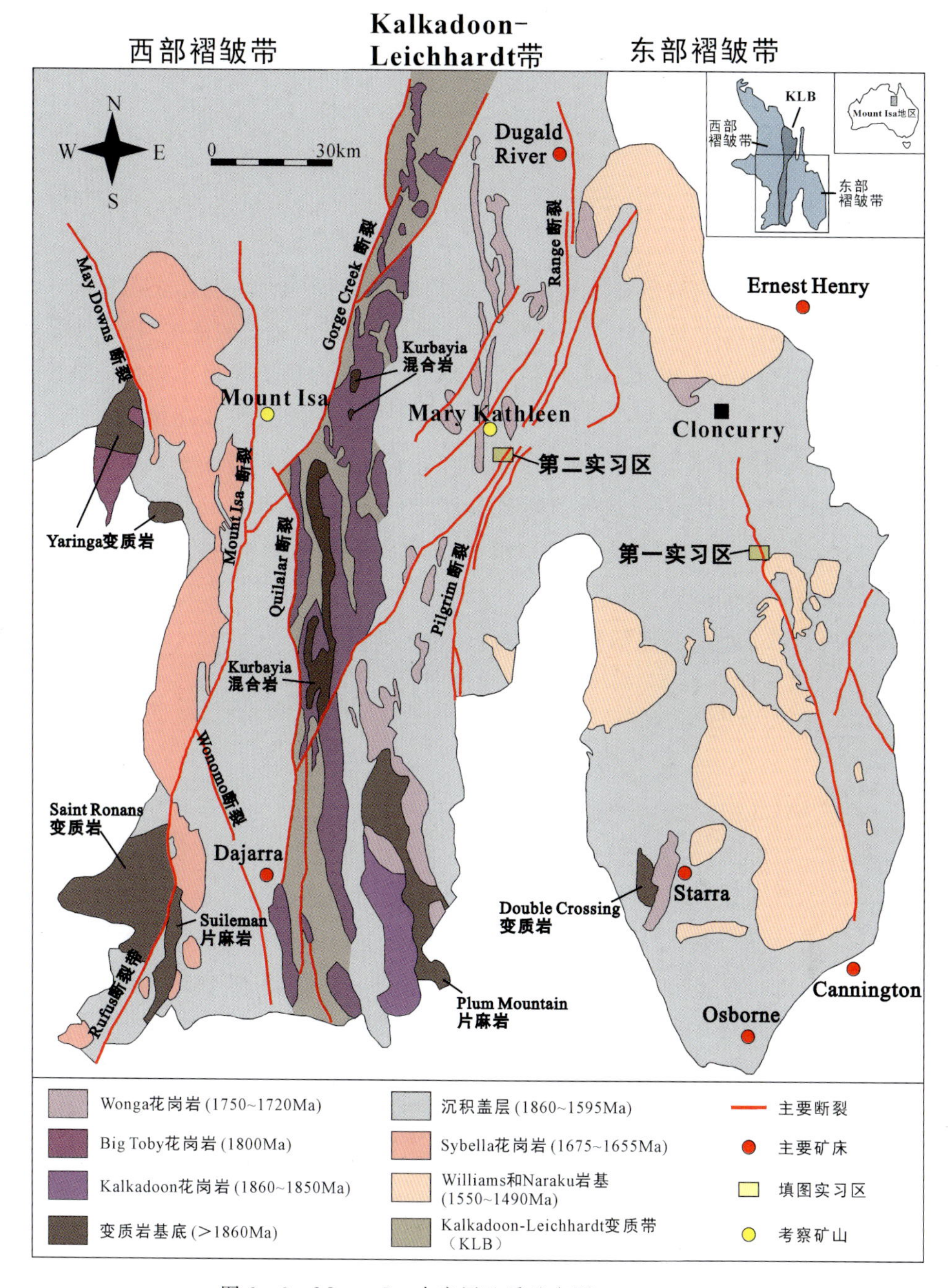

图 2-2 Mount Isa 内窗层地质矿产图(据 Blake,1987)

的。西部褶皱带其他基底岩石单元的微量元素特征也表明它们的岩浆源区具有类似岛弧玄武岩的特征，且具有不同程度的地壳混染(Bierlein and Betts, 2004)。

二、Barramundi 造山运动

Mount Isa 基底岩石单元中，顺层的片麻状面理构造发育，这是 1900～1870Ma 时期发生在 Mount Isa 地区的 Barramundi 造山运动的证据(Etheridge et al,1987;Page and Williams,1988)，也说明了南北向褶皱是由于东西向挤压形成的(Blake,1987;Blake and Stewart,1992)。该系列变形发生在绿片岩相—角闪岩相变质条件下，直接导致了区域正片麻岩和副片麻岩基底序列的局部熔融(Blake,1987)。Etheridge 等(1987)认为 Barramundi 造山运动是一个分布广泛的板内造山事件，包括广泛的沉积作用、火山弧作用和板内岩浆作用(McCulloch,1987;Sheppard et al,1999;Bierlein and Betts,2004)，可能记录了澳大利亚北部克拉通大陆生长时期的最后阶段(Betts et al,2002)。

三、板内洋盆发展

位于 Mount Isa 基底之上的是 3 个呈不整合接触关系的古元古代超级盆地(Jackson et al,2000)(附图)。超级盆地记录了一场约 200Ma 的多旋回演化事件，包括板内沉积、岩石圈伸展、软流圈物质上涌和板内岩浆活动(Rawling, 1999;Scott et al,2000)。3 个超级盆地分别为 Leichhardt 超级盆地(1790～1730Ma)、Calvert 超级盆地(1730～1690Ma)和 Isa 超级盆地(1660～1595Ma)(Jackson et al,2000)。相似的演化过程使得西部褶皱带和东部褶皱带之间存在广泛的相似性，但是 3 个超级盆地在东部褶皱带与西部褶皱带也存在着一些显著的差异，表明它们也可能是独立演化的。

(1)Leichhardt 超级盆地(1790～1730Ma)。Leichhardt 超级盆地的演化以双峰式岩浆作用为主，其次为河流碎屑沉积，并伴随着多期的海侵作用(Donchak et al,1983;Eriksson et al,1993;Simpson and Eriksson,1993)。在西部褶皱带，沉积作用和火山作用主要集中在南北向的 Leichhardt 裂谷(O′dea et al,1997a)。沉积从深海环境开始(Bottletree 组)，然后是河流相至浅海相的碎

屑沉积序列(Mount Guide 石英岩)。火山作用形成大量富铁的大陆溢流玄武岩(Eastern Creek 火山岩)(Wilson et al,1984;Jackson et al,2000)。在东部褶皱带,Leichhardt 超级盆地的沉积作用代表是 Argylla 组,这是一套同生沉积的长英质火山岩,与砂岩、粉砂岩互层(Derrick,1980)。Argylla 组被 Marraba 火山的细粒碎屑岩和镁铁质火山岩覆盖。

(2)Calvert 超级盆地(1730～1670Ma)。Calvert 超级盆地沉积序列在东、西部褶皱带均有分布。在西部褶皱带,Calvert 超级盆地主要由 1730～1690Ma 北西—南东向伸展过程中沉积在半地堑内的河流、浅海碎屑沉积岩和切层的双峰火山岩组成(O′dea et al,1997a)。沉积作用集中于 Leichhardt 河的断裂凹陷处。Calvert 超级盆地最古老的岩石单元位于 Murphy 构造边缘,由 1730～1725Ma 的 Peters Creek 火山岩的双峰式浅成侵入岩和喷出岩组成(Jackson et al,2000)。在东部褶皱带,Calvert 超级盆地的早期沉积主要为 1710～1670Ma 与裂谷相关的浊积岩、Kuridala 组和 Llewellyn Creek 组的石英岩,以及 Soldiers Cap 群的 Mount Norna 石英岩(Page and Sun,1998)。东部褶皱带和西部褶皱带的 Calvert 超级盆地旋回的主要区别为东部褶皱带的沉积记录有缺失。

(3)Isa 超级盆地(1670～1590Ma)。西部褶皱带 Isa 超级盆地发育过程中的沉积以 Lawn Hill 台地的 McNamara 群和 Leichhardt 河断裂凹陷的 Mount Isa 群碳质页岩、叠层石白云岩、浊积砂岩和粉砂岩为主(Scott et al,2000;Southgate et al,2000)。这些岩石单元记录了一系列短暂的浅海入侵(如 Shady Bore 石英岩,Southgate et al,2000)。通过地质年代学分析,在东部褶皱带发现了西部褶皱带的同时期沉积序列(Page et al,1997;Page and Sun,1998),这些火山序列和沉积序列包括 Toole Creek 火山岩以及形成于 1655～1610Ma 的 Marimo 板岩、Answer 板岩和 Staveley 组地层(Donchak et al,1983;Loosveld,1989a,b;Page et al,1997;Page and Sweet,1998)。

四、Isan 造山运动

随着 Isan 造山运动的开始,陆内超级盆地的发展在约 1600Ma 结束(Bell,1983;Page and Bell,1986;Blake,1987)。Isan 造山运动在东西部褶皱带的特征各有不同。

Isan 造山运动在西部褶皱带中产生了多期褶皱构造和伴生断裂。在 Mount Isa 断裂带附近，变形强度高且复杂，根据构造空间穿插关系推测发生了至少5次变形事件(Connors and Lister,1995)。Page 和 Bell(1986)获得的 Sybella 花岗岩全岩 Rb-Sr 同位素年龄为 1610±13Ma、1544±12Ma 和 1510±13Ma，他们将这些年龄归因于 Isan 造山运动期间的3次不连续变形事件，分别称为 D1、D2 和 D3。Connors 和 Lister(1995)利用 SHRIMP U-Pb 法对同时期伟晶岩的年代学进行了研究，获得了变形事件的年龄约为 1530Ma。

在东部褶皱带，早期造山的痕迹保存在最年轻的上地壳岩石中(Calvert 盆地和 Isa 盆地)。Isan 造山运动的早期造山史包括了 Soldiers Cap 群 Marimo 组和 Staveley 组在盆地反转过程中发生北西向的俯冲，以及 Tommy Creek 组俯冲在更古老的 Leichhardt 超级盆地岩层之下(MacCready et al,1998;Giles et al,2006;O'Dea et al,2006)。在 1585Ma 的变形事件中伴有低压的绿片岩相—角闪岩相变质作用(Page and Sun,1998;Giles and Nutman,2003;Hand and Rubatto,2002)，变质程度自西北至东南方向(造山事件中心部位)递增(Foster and Rubenach,2006)。

第二节 区域地质背景

一、地层

Mount Isa 内窗层主体为中元古代岩石区域，主要地层组成为基底单元和上部的3个盖层序列(Etheridge et al,1987)，具体年代-地层框架可见附图。基底单元包括东部的 Plum Mountain 片麻岩以及西部的 Yaringa 变质岩、Saint Ronans 变质岩和 Kurbayia 混合岩。盖层序列1(1870～1850Ma)局限于 Kalkadoon-Leichhardt 带，以长英质火山岩为主；盖层序列2(1790～1690Ma)包括 Corella 组的钙质硅酸岩、东部褶皱带 Argylla 组(Tewinga 群)的长英质火山岩和西部褶皱带的 Eastern Creek 火山岩；盖层序列3(1680～1610Ma)主要包括西部的 Mount Isa 群和东部的 Soldiers Cap 群(以前被划入盖层序列2)。

一系列岩基规模的花岗岩与盖层序列的沉积同步侵位，包括 Kalkadoon 花岗岩（盖层序列 1）、Wonga 花岗岩（盖层序列 2）和 Sybella 花岗岩（盖层序列 3）。此外，Williams 岩基和 Naraku 岩基大片出露于东部褶皱带，并于 Isan 造山期前后侵位。中基性岩墙普遍存在于 Mount Isa 内窗层，年龄范围从 Barramundi 造山期前到 1100Ma（Blake and Stewart，1992）。

二、构造

在 Barramundi 造山期，Mount Isa 内窗层由于东西向的挤压形成了一系列南北向褶皱（Blake，1987；Blake and Stewart，1992），以此形成了整个 Mount Isa 内窗层的构造基础。随后在 Leichhardt 盆地运动时期的 Wonga 事件中，东部褶皱带形成了一系列近南北向的大型伸展拆离断层，并最终形成了分隔东部褶皱带和 Kalkadoon - Leichhardt 带的 Wonga 断裂带（Holcomb et al，1997a，b；Oliver et al，1991）。Calvert 盆地运动时期的东西向伸展运动使得西部褶皱带的 Leichhardt River 断裂凹陷和 Lawn Hill 台地受南北走向的正断层（O′Dea et al，1997a，b）与东西走向的转换断层控制（Nijman et al，1992；O′Dea et al，1997a，b）。Isa 盆地的形成与闭合主要体现在沉积事件（Southgate et al，2000）与沉积构造中，区域型构造并不显著。最后的 Isan 造山运动早期为南北向挤压，随后是东西向挤压（Bell，1983；Winsor，1986；Loosveld and Schreurs，1987），其中早期南北向挤压对西部褶皱带的构造改造体现于早先存在的线理轴向以及转换断层的方向发生改变，晚期东西向挤压使得西部褶皱带形成南北向褶皱以及 Leicharddt River 断裂凹陷形成南北向倾伏褶皱，并在 Lawn Hill 台地形成北东向褶皱（Betts and Lister，2002；Betts et al，2004）。而 Isan 造山运动对东部褶皱带的改造体现在绿片岩相—角闪岩相的变质作用（Page and Sun，1998；Giles and Nutman，2003；Hand and Rubatto，2002），并伴随有北西向的挤压（MacCready et al，1998；Giles et al，2006；O′Dea et al，2006），形成了一系列北西-南东向倾斜的断层和剪切带。

因此，综合来说，西部褶皱带的构造以近北西向的褶皱和正断层为主；Kalkadoon - Leichhardt 带以北南向大型拆离断层为主；而东部褶皱带以北西向褶皱、断层和韧性剪切带为主。

三、岩浆岩

Mount Isa 内窗层发育有大量岩浆岩，包括常见的基性侵入岩(辉长岩、辉绿岩)和中酸性侵入岩(花岗岩、花岗斑岩等)。此处重点描述该地区与碰撞造山和成矿相关的中酸性岩(表 2-1)。其中包括 Isan 造山期之前与 Big 事件、Gun 事件相关的 Wonga 花岗岩、Dipvale 花岗岩、Levian 花岗岩、Gin Creek 花岗岩、Sybella 花岗岩、Emest Henry 闪长岩；Isan 造山期与 Williams - Naraku 事件相关的 Maramungee 花岗岩、Mica Greek 花岗岩，D3 变形期的 Mount Margaret 花岗岩、Mount Angelay 花岗岩、Mount Dore 花岗岩、Squirrel Hills 花岗岩、Wimberu 花岗岩和 Yellow Waterhole 花岗岩。

Wonga 花岗岩包括面理发育的斑状花岗岩、捕虏岩、片麻状花岗岩和具面理的斑状黑云母花岗岩；Dipvale 花岗岩包括面理发育、呈中粒结构的角闪石黑云母二长花岗岩；Levian 花岗岩由 3 个岩相组成，主要为月牙状侵位的含磁铁矿花岗斑岩，其次为灰粉色细粒花岗岩和粉白色中粒花岗岩；Gin Creek 花岗岩主要为中粗粒局部斑状的黑云母花岗岩，以及细粒含电气石和白云母的伟晶状浅色花岗岩，还有少量细粒黑云母花岗岩，其中可见细晶岩和云英岩。

Maramungee 花岗岩为细粒-伟晶浅色黑云母花岗岩、花岗闪长岩以及石英闪长岩，面理发育；Mount Angelay 花岗岩为无斑晶-斑状黑云母花岗岩、角闪石花岗岩、黑云母角闪石花岗岩，局部发育有面理，以及少量含辉石花岗岩、花岗闪长岩、浅色花岗岩和细晶岩；Mount Dore 花岗岩为等粒状角闪石黑云母花岗岩和黑云母花岗岩以及少量的细晶岩；Squirrel Hills 花岗岩为斑状黑云母花岗岩、角闪石黑云母花岗岩以及少量等粒结构花岗岩、含辉石花岗岩和细晶岩；Yellow Waterhole 花岗岩为无斑晶-斑状角闪石黑云母花岗岩、黑云母花岗岩，以及少量细晶岩。

表 2-1 Mount Isa 内窗层构造事件与主要侵入体年龄(据 McLellan and Oliver,2008)

事件与时间/Ma		侵入体	Cu-Au 矿化	年代学资料/Ma	总体走向-断层
Isan 造山运动前	Big (1750～1735)	Wonga 花岗岩		1750～1730(U-Pb)	
		Dipvale 花岗岩		1746±7(U-Pb)	
		Levian 花岗岩		1746±8(U-Pb)	
	Gun (1680～1670)	Gin Creek 花岗岩		1741±7(U-Pb)	
		Sybella 花岗岩		1673～1655(U-Pb)	
		Ernest Henry 闪长岩		1660～1657(U-Pb)	
	D1 (1610±13)				逆冲断层
	D2 (1590～1550)			约 1590 Ar^{39}/Ar^{40}	NS 向剪切带
				1584±17(U-Pb)	
			Osborne Cu-Au 矿床	约 1540(Ar^{39}/Ar^{40})	
				1595±6(U-Pb)	
Isan 造山运动期	Williams-Naraku (1550～1500)	Maramungee 花岗岩		1545±11(U-Pb)	
		Mica Creek 伟晶岩		1532±7(U-Pb)	
			Eloise Cu-Au 矿床	约 1530(Ar^{39}/Ar^{40})	走滑断层再生?
	D3 (1530～1500)	Mount Margaret 花岗岩		1530±8(U-Pb)	NE-右行断层
		Mount Angelay 花岗岩		1523±4(U-Pb)	N-左行断层
		Mount Dore 花岗岩	Ernest Henry Cu-Au 矿床	1514～1504(Ar^{39}/Ar^{40}); 1516 ±10(U-Pb)	NW-左行断层
		Squirrel Hills 花岗岩	Monakoff Cu-Au 矿床	1508±10(Ar^{39}/Ar^{40}); 1508±4(U-Pb)	
		Wimberu 花岗岩	Starra Cu-Au 矿床	约 1505(Ar^{39}/Ar^{40}); 1508±4(U-Pb)	
		Yellow Waterhole 花岗岩	Mount Elliot Cu-Au 矿床	约 1505(Ar^{39}/Ar^{40}); 1493±8(U-Pb)	

第三节　区域矿产简介

Williams(1998)将本区的矿床划分为4个主要类型:①SEDEX型铅-锌-银矿床(如Mount Isa矿床、Hilton矿床、Century矿床);②沉积型铜矿床(如Mount Isa矿床);③Broken Hill型铅-锌-银矿床(如Cannington矿床);④Cloncurry型IOCG矿床(如Ernest Henry矿床)。这些矿床的成因与演化在许多方面仍然存在争论。东部褶皱带与西部褶皱带的矿床及其地质背景存在明显差异,详见表2-2。显然,与东部褶皱带相比,西部褶皱带的矿床规模更大、年龄更古老。

表2-2　Mount Isa内窗层主要矿床类型与特征(据Liu and Zhang,2007)

区域	西部褶皱带	东部褶皱带	参考文献
主要矿床类型与成矿元素	SEDEX型Pb-Zn-Ag矿(Mount Isa、Hilton、Century)、沉积型铜矿(Mount Isa)	Broken Hill型Pb-Zn-Ag矿(Cannington)、Cloncurry型IOCG矿床(Ernest Henry,Osborne)	
矿床规模	超大型Mount Isa:$Pb+Zn=195\times10^6t$,$Ag=24\ 000t$,$Cu=8.415\times10^6t$,$Au=25.5t$;George Fisher:$Pb+Zn=17.655\times10^6t$,$Ag=9951t$	比西部褶皱带规模小,Ernst Henry:$Cu=1.84\times10^6t$,$Au=90.18t$;Osborne:$Cu=0.72\times10^6t$,$Au=36t$;Cannington:$Pb+Zn=6.72\times10^6t$,$Ag=23\ 177t$	Williams,1998
寄主岩石	页岩(Mount Isa Pb-Zn);硅质白云岩(Mount Isa Cu)	角砾状酸性火山岩(Ernest Henry);长石砂屑岩与薄层泥岩(Osberne)	
矿石成分	硫化物、无铁的氧化物	硫化物、常见铁的氧化物	
成矿流体	(10~20)wt% NaCl,与现代盆地卤水或低程度变质水相似(Mount Isa Cu)	高盐度(>26wt% NaCl),主要与岩浆热液成分类似(Ernest Henry,Osborne)	Heinrich et al,1989;Mark and Foster,2000
蚀变特征	大规模钠-钙蚀变,并无磁铁矿-赤铁矿出现	大规模钠(钾)-钙蚀变,伴随磁铁矿-赤铁矿出现	
成矿时代	1523~1534Ma(Mount Isa Cu)	1500Ma(Mount Elliott Cu-Au);1478Ma(Ernest Henry);1568Ma(Osborne)	Perkins et al,1999;Perkins and Wyborn,1998
相关岩浆活动	结束于1670Ma	主体岩浆活动为1540~1480Ma	Laing,1998

Mount Isa 内窗层中构造对成矿具有明显的控制作用，其中大多数已知的矿床都与主要的断层有空间联系(Drummond et al,1998)。例如，大型 SEDEX 型铅-锌-银矿床和沉积型铜矿床均位于西部褶皱带的 Mount Isa 断层附近。在东部褶皱带，沿 Mount Dore 断裂带分布有大量铁、铜、金矿床，矿体一般位于韧性剪切带或脆性断裂中，储矿断裂一般为主断裂的伴生次级小断裂。Mount Isa 地区大部分铜、金矿床与 Isan 造山运动的变形、变质和岩浆作用密切相关(Perkins,1984;Swager,1985;Beardsmore et al,1988)。铅-锌-银矿床可能是与构造作用同期形成(Perkins,1997;Perkins and Bell,1998)并在 Isan 造山运动期经历了成矿物质的再活化和沉淀(Marshall and Oliver,2008)。

Mount Isa 内窗层的主要矿床与岩浆侵入体具有密切的空间联系。在西部褶皱带，如 Mount Isa、Hilton、George Fisher 等沉积型矿床分布在 Sybella 岩基附近。另外东部褶皱带的 IOCG 矿床位于 Williams 和 Naraku 岩基附近(图 2-2)。Solomon 和 Heinrich(1992)认为，花岗岩为铅-锌-银成矿体系中热液运移提供驱动力。McLaren 等(1999)提出，长英质岩浆岩的大规模侵入，其富含的放射性元素衰变引起的放射成因热引发了二次热液循环，这可能是东部褶皱带和西部褶皱带的铅-锌-银、铜和铜-金矿床形成的部分原因。Pollard 等(1998)以及 Mark 和 Foster(2000)也提出东部褶皱带 IOCG 矿床的初始成矿流体与岩浆热液的混合可能是成矿物质沉淀的主要原因。因此，岩浆活动在本区主要矿床的形成中发挥了重要作用，尤其是东部褶皱带的 IOCG 矿床，但岩浆作用在成矿过程中发挥的具体作用仍有待研究。

第三章　联合实习过程与主要内容

第一节　野外安全教育

本次联合地质实习的区域位于澳大利亚大陆腹地，毗邻矿业重镇 Mount Isa 和 Cloncurry，那里干燥的气候条件和粗犷的地理环境都是中国学生极为陌生的。在出发前往实习区前，EGRU 会组织参与联合地质实习的所有学生（包括澳大利亚学生和中国学生）进行野外安全教育（图 3－1）。在安全教育过程中，实习主讲教师 Paul Dirks 教授和 Ioan Sanislav 博士会强调实习过程中学生

图 3－1　实习主讲教师 Paul Dirks 教授和 Ioan Sanislav 博士对学生们进行野外实习安全教育

必须遵守的行为规范，并介绍实习期间可能遇到的安全问题和预防、应对这些安全问题的措施。对于参与实习的每个人，最重要的是要时刻保持高度的安全警惕性，同时提高自身的安全防范能力。在实习过程中，学生们务必服从带队老师的安排，做到令行禁止。

澳大利亚野外工作时的安全规范与国内基本一致。在实习过程中，要穿着适合野外工作的服装，且由于实习区昼夜温差较大，需要准备厚衣服以防着凉感冒。使用地质锤敲击岩石样品时推荐佩戴护目镜或使用其他物品遮蔽面部，防止石块崩伤自己，同时也要注意与周围人保持安全距离。熟练使用罗盘、GPS 等定位工具，这样既能使野外工作更加顺利地进行，又能保证自身和小组其他成员的安全。实习区内可见袋鼠、骆驼等野生动物，尽量避免与一切野生动物进行接触。实习区内有开采的矿山，禁止进入废弃的平硐及任何山洞。在行走途中，远离陡崖、陡坡等危险区域，注意观察脚底和头顶岩石的稳定性，避免失足或被坠石砸伤。与国内的野外实习不同的是，除非必要，澳方老师不鼓励大家都去采集标本，更不能对野外露头进行随意敲击和破坏，因为这样会影响以后参与实习同学们的观察。

该联合地质实习多数情况下需要以小组为单位开展野外工作，每个实习小组都配备医疗急救包和对讲机，在开展野外工作时务必随身携带。小组成员需要尽快熟悉了解彼此，在野外实习的过程中必须统一行动，严禁脱离小组单独行动。除了确保自身安全外，学生们也务必及时关注组内同伴的身体状况，同行者感到不适时要及时提供帮助，必要时向带队老师汇报并终止当天的实习工作。

开展独立野外工作前，务必确保自己携带了足够的食物、水和电池（对讲机、GPS 使用）。实习区地广人稀，为防走失，可以随身携带口哨和手电筒，方便寻找。实习过程中，从住处往返填图区需要汽车通勤，每日固定乘坐同一辆车，方便清点人数，以防遗漏。野外实习过程中，汽车钥匙将会被放置在指定地点，如遇紧急情况，可以自行回到车上避险。

在生活方面，带队老师对吸烟、饮酒、服药和日常生活等情况会做详细要求。由于实习地区气候干燥，易引起火灾，所以在实习的整个过程中严禁使用明火，在指定允许吸烟范围之外不允许吸烟，且实习过程中严禁吸食任何娱乐性药品。实习期间严禁过量饮酒，饮酒后的不当行为由自己负责。实习期间所有人居住在有常住居民的小镇，生活较为便利。若外出，需要经过带队老师的同意，且学生们要尽量避免单独外出。实习期间每个同学在完成学习任务的同时，有义务保持自己生活环境的干净整洁，并参与公共区域的轮流值日。学生会被分为小组轮流进行值日，除打扫卫生之外，还包括在值日期间为大家准备早餐和晚餐，主要是烤面包、煎鸡蛋和煮意面等。

另外，实习带队老师还会重点介绍遭遇紧急情况后的处理方法。野外工作时一定要随身携带手机并保持信号畅通，一般山顶的信号较好而山谷里的较差。实习过程中如果遇到整体信号不好的情况，则要牢牢记住实习过程中信号较好的地方，便于紧急情况下的通信。发放的对讲机必须时刻保持打开状态，方便联系。澳大利亚的紧急求救电话是000，遇到紧急情况需要及时联系在野外的其他同伴以及带队老师，若有伤者，则要带着伤者快速离开危险区域。

最后，所有学生需要签署地质实习安全告知书。

第二节　实习区地质特征

一、地层

1. Corella 组

Corella 组是实习区最古老的一组岩石地层，主要岩性为大理岩-钙质变沉积岩(图 3－2)，占据填图区出露面积的 60%以上。

钙质变沉积岩(calc－silicate)是一种钙质和硅质含量都比较高、具有碱性特征的变质沉积岩，对应国内的标准名称是方柱透辉岩或方柱透辉变粒岩(透辉石等暗色矿物含量低于 40%时称为方柱透辉变粒岩)。主要矿物组成为方柱石(scapolite)、透辉石(diopside)、钾长石(K－feldspar)、钠长石(albite)和石英，中-薄层条带状构造，表现出粉红色-绿色相间的特征，粉红色层的主要矿物为碱性长石和方柱石等，绿色层则以透辉石为主(图 3－2b)。透辉石和方柱石都是典型的变质成因矿物，是原先钙质成分和长英质成分相互混杂的沉积岩在变质作用过程中通过物质交换彼此反应之后形成的。原始沉积岩钙质与长英质相杂的特征也指示它们沉积的地区为水深动荡变化的浅海-潮间带环境。另外，方柱石作为极度富钠的岩石，在变质作用过程中石盐可能扮演着十分重要的角色。

大理岩在实习区内的出露较为有限，主要分布在变沉积岩与角砾岩筒的接触部位。岩石为钙质大理岩，主要矿物为方解石，含量超过85%。新鲜岩石呈现白色—深灰色的变化，风化后呈灰白色与灰黑色。由于经历了变质作用，方解石多重结晶，呈糖粒状。大理岩中偶见柱状方柱石晶体，存在明显定向性，粒径可达3～5mm。大理岩内部存在一些层理与大理岩方向大致平行的硅质条带，同样代表了沉积环境的变化。

图3-2 Corella组典型的钙质硅酸盐

(a)钙质硅酸盐的野外产状，成层性好且多表现为正地形；(b)展示了钙质硅酸盐的矿物组成，岩石中存在绿色-粉红色互层，绿色层主要矿物为透辉石，粉红色层则为碱性长石和方柱石

2. Mount Norna 组

Mount Norna组主要包括4种岩性，分别是云母片岩、变质石英岩、变质角闪岩和角砾岩。以下着重介绍前3种岩性。

云母片岩是Mount Norna组的主要岩性单元。云母片岩中的云母矿物比例超过60%，显示出明显的片理构造，同时呈现出受后期构造影响的痕迹(图3-3)。根据云母矿物的含量和种类，它又可以分为黑云母片岩和白云母片岩，在实习区内均十分常见。云母片岩中除云母外，还可见石英、长石以及少量石榴子石。根据矿物组成，推测这套地层的原岩成分为泥质岩。

变质石英岩在填图区偶有出露，典型特征是岩石呈白色，质地坚硬。矿物组成以石英为主，体积比例超过90%(图3-4)，肉眼难以观察到其他矿物。

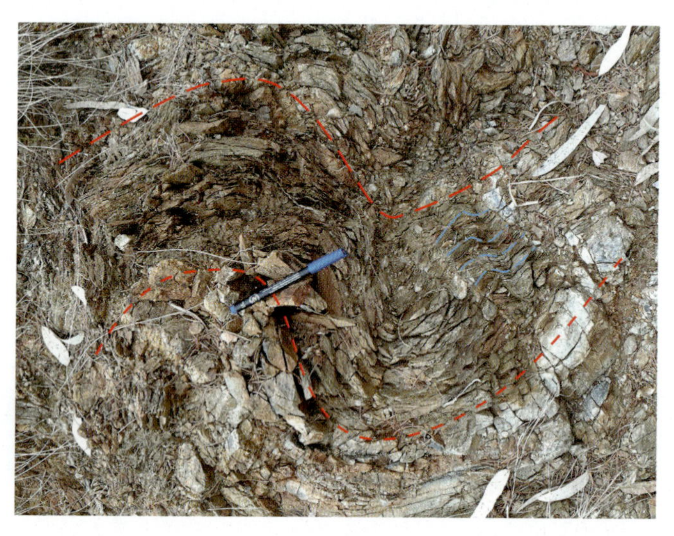

图3-3　Mount Norna组的云母片岩及其表现的细褶皱

图3-4　Mount Norna组的变质石英岩

变质角闪岩是填图区内另一个具有典型特征的岩石单元，主要有两个识别标志：一是灰绿色—暗绿色的颜色；二是岩石中清晰的线理构造(图3-5)，表现为短柱状角闪石的定向排列。变质角闪岩中的矿物主要包括普通角闪石和斜长石。普通角闪石可以通过其暗绿色的颜色和特征的矿物解理识别;斜长石多为灰白色,呈自形结构,多数斜长石可以通过手持显微镜观察到晶体形态,粒径在0.2～1mm之间。根据矿物组成推测,此套地层的原岩为一套化学成分与玄武岩相似的火成岩。

图3-5 Mount Norna组的变质角闪岩

3. Llewellyn Creek 组

Llewellyn Creek组主要由一套变质沉积岩组成,其主要岩性组成包括变质泥岩(pelite)和变质砂岩(psammite)。由于经历了区域内不同程度的变质作用,这套地层的岩石中常常可以观察到变质作用过程中形成的变质硅酸盐矿物作为变斑晶出现,如红柱石(andalusite)、十字石(staurolite)、石榴子石(garnet)和铝直闪石(gedrite)等(图3-6)。这些在其他地区难得一见的变质矿物晶体在Llewellyn Creek组中却十分常见。这些矿物的出现能够指示矿物生成和岩石变质时的温度压力条件,通过详细的野外工作可以恢复变质作用的温度压力条件随时间而变化的历程,也就是变质作用 $P-T-t$ 轨迹,具有重要的地质意义。例如红柱石往往形成于低压、中低温的接触热变质和区域变质条件,十字石形成于中压、中低温的区域变质条件,而石榴子石和铝直闪石形成于中高温压的变质条件。该套地层要重点观察变质矿物共生组合,划分变质相和变质相系,从而勾勒出该地区的变质作用 $P-T-t$ 轨迹，分析岩浆活动和构造演化对变质岩的影响。

野外还可见长达5cm的红柱石和部分发育典型十字双晶的空晶石（红柱石的变种，亦称十字石）等，岩石经过风化作用后，这些变质作用过程中形成的斑晶矿物会因为受差异风化的影响而凸显在岩石的表面或散落在露头的周围（图3-6）。

图3-6　Llewellyn Creek 组变质沉积岩的变质矿物

(a)变质泥岩中的十字石；(b)变质砂岩中的石榴子石

二、构造

复杂的构造系统往往能够为成矿流体的迁移和元素富集提供通道和场所，并成为重要的控矿因素和找矿标志，因而准确识别和记录野外的各类构造现象对于矿区范围内的勘查和填图工作十分重要。实习区内的构造要素主要包括沉积岩中的各类示顶底构造（原生沉积构造）、断层构造、韧性剪切带构造、褶皱构造、线理构造，以及不同构造应力作用下形成的角砾岩等。

1. 沉积岩中的各类示顶底构造

在实际的填图过程中，填图区可能位于区域性褶皱构造的倒转一翼，岩石地层之间由上到下的叠覆关系可能发生变化，对判断岩石由老到新的方向并进一步推测构造形迹产生干扰。在这种情况下，需要野外工作人员根据露头尺度上沉积岩中的一些原生沉积构造，恢复岩石地层沉积的先后顺序。联合地质实习注重对沉积岩原生构造的观察，如典型的包卷构造、泄水构造、波痕构造、交错层理等。

当尚未固结的松散沉积物上部承载新的沉积物时，它们会排除自身空隙内的水分，逃逸的水分会沿着上覆沉积物中的通道逃走，同时破坏原始沉积物的颗粒支撑关系，从而引起颗粒移位和重新排列，在上部沉积物中留下形迹并随着成岩作用保留下来。这些沉积岩中的泄水构造可以帮助分析沉积岩形成时由新到老的方向。典型的泄水构造在剖面上往往呈现蘑菇状—帐篷状，一般膨胀端指示较老的地层[图 3-7(a)]。

岩石地层中的包卷层理也是广义上的泄水构造，往往出现在粉砂-细砂质沉积物上覆更细的泥质碎屑沉积物中。由于上部沉积物结构较为紧实，泄水受到阻挡而向旁侧回旋，引起沉积物强烈液化并随着回旋的泄水发生对流，形成回肠状或卷心菜状的包卷层理。包卷层理的长轴多平行于层面，单个包卷单元在断面上大致呈椭圆形[图 3-7(b)]，长轴长 0.1～1m，并且通常会有多个包卷体横列在大致相同的水平层位上。包卷层理指示上部粒度更细的沉积单元较晚发生沉积。

图 3-7 实习区地层中常见的示顶底构造

(a)泄水构造；(b)包卷层理

岩石地层中的波痕、雨痕等原生沉积构造，以及岩石纹层与岩石层理面相互斜交形成的交错层理(cross - bedding)(图 3 - 8)，可以在野外协助判别岩石叠覆顺序，以及恢复地质历史时期水体运动方向和水动力条件。例如，交错层理大多是定向水流的产物，其中同一层系内纹层的倾斜方向代表了形成该层系时的水体流向。当纹层为下凹的曲面状时，它与层系的下界面呈现逐渐相切的关系，而与上界面呈现出较为截然的关系。

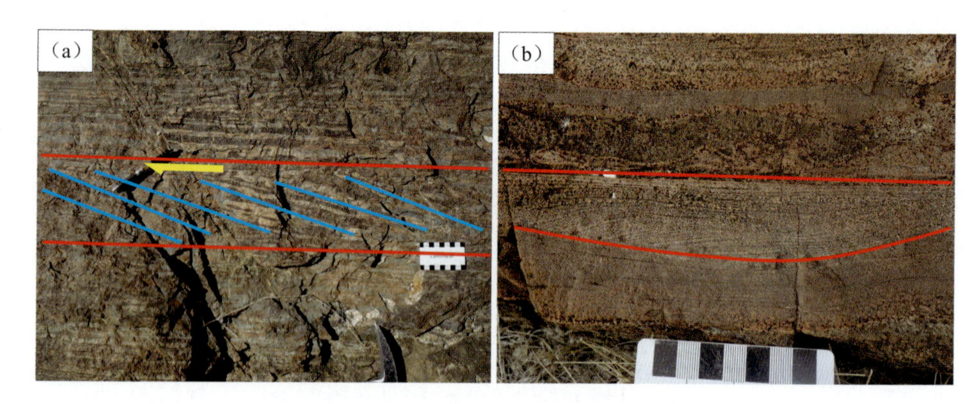

图 3 - 8　实习区地层中的交错层理

(a)板状交错层理，黄色箭头标示了该层系形成时的水流方向；(b)槽状交错层理

2. 断层构造与韧性剪切带构造

断层是野外地质工作中最为常见的构造形式之一，以岩石的错动和位移为特征，有时还会伴随构造面上岩石的破碎和重新排列[图 3 - 9(a)]。影响范围不同的断层构造具有不同的识别标志。对于一些发育规模不大的断层活动，可以根据露头尺度上地层相互之间的错动进行识别和判断；而对于一些横贯实习区乃至更大范围的断裂构造，则需要依靠对应比例尺的地质填图工作，以此确定地层中的岩性界面或标志层是否发生明显错动以及构造角砾岩的分布情况，帮助分析和推测断裂构造是否存在以及断裂构造的性质。

区别于断裂构造中岩石的脆性破裂，韧性剪切带是岩石在塑性状态下发生连续变形的狭窄高剪切应变带[图 3 - 9(b)]，往往具有“断而未破，错而似连”的特点。剪切构造应力影响范围内的岩石往往还会发生不同程度的糜棱岩化，同时发育一系列新生的线理和面理，这些都是韧性剪切带发育的重要标志。

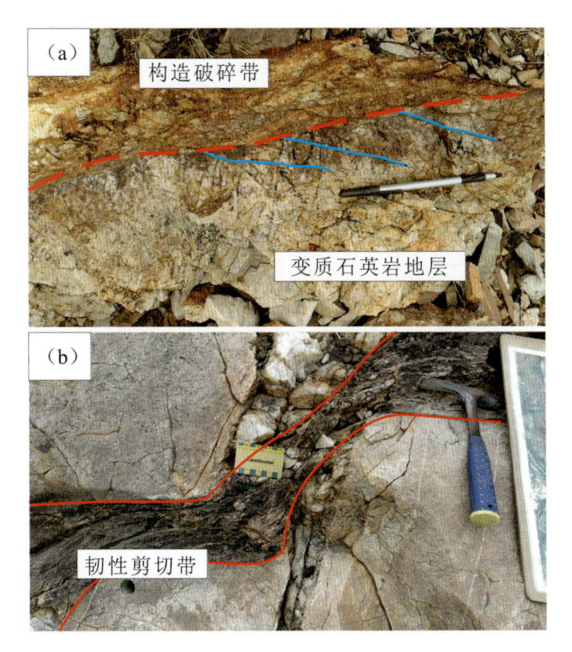

图 3-9 实习区内的断层构造和韧性剪切带构造

(a)断层构造,岩石地层在应力作用下发生脆性破碎;(b)韧性剪切带构造,在应力作用下岩石发生韧性变形和糜棱岩化

3. 褶皱构造

褶皱构造同样是野外地质工作过程中常见的基本构造形式。形成褶皱的变形面一般是沉积岩的岩层面,褶皱活动的形迹往往能够形象而直观地反映岩石地层对于区域构造应力的响应,一般以沉积岩的层理面连续褶曲为识别褶皱构造发育的标志。

实习区处在区域性褶皱构造带的影响范围内,属于强烈构造变形区,在露头尺度上发育大量不同规模的中小型褶皱构造,这些构造活动的形迹往往在力学性质较为软弱的大理岩地层中最为发育[图 3-10(a)]。同期的构造活动形成的形迹往往具有力学性质上的一致性,表现为高一级的褶皱系统内部发育规模较小的褶皱构造[图 3-10(b)]。通过系统的褶皱参数测量、统计和分析,能够基于有限的地质观测,对该区域活动的大褶皱形迹进行合理的推测。

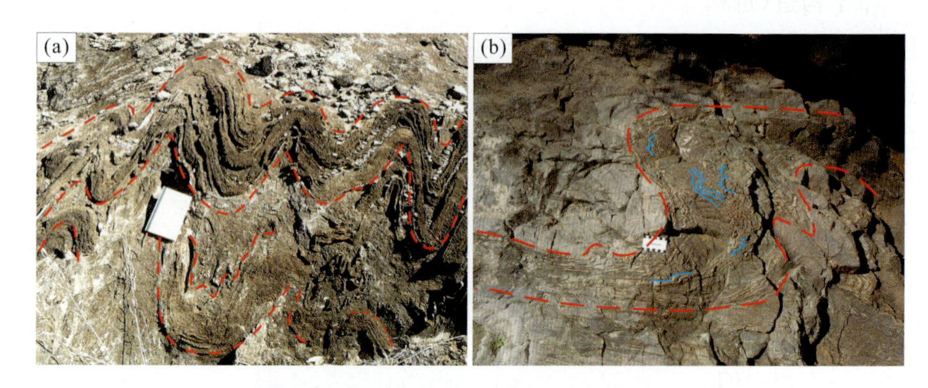

图 3-10　实习区内不同规模的褶皱构造

(a)软弱的大理岩地层在应力作用下更容易形成褶皱;(b)发育在中型褶皱内的小型褶皱

4. 线理构造

实习区内岩石地层存在互层现象。不同的岩石地层由于成分的不同在差异应力的作用下表现出不同的变形特征,就会形成一系列线理构造,其中最为常见的是发育于不同成分层之间的布丁构造(图 3-11)。

图 3-11　布丁构造反映了互层的岩石成分层之间能干性的差异

布丁构造（也称“石香肠”构造）在实习区内十分常见，反映了互层的岩石之间能干性的差异。如实习区内与大理岩互层的硅质条带，在受到区域应力的作用时，较硬的硅质条带会发生断裂，形成沿一定方向（垂直于最大压应力方向）的“石香肠”，而较软的大理岩地层则会倾向于发生塑性形变，填充在“石香肠”的间隙中，形成“石香肠”构造（图 3－11）。

5. 角砾岩构造

角砾岩是实习区内的特征岩石，分布较为广泛，并且由于其抗风化能力强，往往形成于小山包等正地形中，容易观察和识别。野外遇到角砾岩时，首先需要查明其宏观上的展布特征（如线状或卵状），由于角砾岩单元的正地形，这一点是比较容易识别的。在此基础上，学生还需要对角砾岩标本进行详细地描述。在描述角砾岩标本时，需要对其中破碎的角砾和将角砾连接在一起的胶结物分别进行描述：对角砾的描述包括角砾的成分、形状（磨圆度）、大小、支撑类型等；对胶结物的描述需要包括成分和结晶程度等。最后，根据观察得到的角砾岩特征，结合空间上的展布形态及角砾岩的成分，推断角砾岩的成因类型。

实习过程中能够观察到的角砾岩类型主要包括火山角砾岩和断层角砾岩（图 3－12），二者具有不同的特征。火山角砾岩在空间上往往表现为筒状构造，

图 3－12　实习区内两种不同类型的角砾岩

(a)火山角砾岩，在空间上呈卵形产出，表现为角砾岩筒；(b)角砾较小的断层角砾岩，在空间上呈线状展布，能够帮助勾勒断层构造的形迹，并追踪断层的走向

实习区内观察到的火山角砾岩筒在地质图中表现为直径约 50m 的圆形。火山角砾岩筒中角砾的粒径随着与中心距离的不同而发生变化，角砾岩筒中心部位的角砾直径可达 50cm，离角砾岩筒中心越远角砾粒径越小，这种规律性的变化是识别火山角砾岩的重要依据。断层角砾岩在空间上常呈线状分布，其分布范围与断层构造面的影响范围大体一致，一般可以帮助指示实习区内断层构造的分布范围，并帮助寻找断层构造的走向。断层角砾岩中角砾的成分取决于破碎原始岩石单元的成分，而且粒径一般较小，以 0.2～5mm 最为常见。

三、岩浆岩

实习区内常见的岩浆岩以侵入岩为主，包括辉长岩、辉绿岩和英云闪长岩等(图 3-13)。实习区内可见众多规模不等的辉绿岩墙和辉长岩侵入体出露，其围岩多为 Corella 组钙质变沉积岩，侵入体与围岩呈侵入接触关系，界线往往较为截然，辉长岩偶尔也呈岩席产出。辉长岩为块状构造、中粗粒结构，其中的辉石和长石均为较自形的晶体，粒径 2～5mm。辉石的成分端元多属于普通辉石(单斜辉石)，长石多为富钙的斜长石。实习区内的辉长岩有时与矿体的围岩蚀变和矿化作用表现出密切联系，有时一些辉长岩样品自身也会发生不同程度的磁铁矿化，从而具有较大的密度，并表现出一定的磁性，这些现象对于找矿勘查具有一定的指示意义。

图 3-13　实习区中常见的岩浆岩

(a)辉长岩；(b)辉绿岩

四、蚀变与矿化特征

联合地质实习的工作区域位于矿业重镇 Mount Isa 与 Cloncurry 周边，毗邻众多著名的金属矿床以及一系列具有重要找矿潜力的勘查靶区。长期以来，矿业公司和地质学家在此处开展了不同程度的找矿勘查工作。实习区部分岩石地层发生了不同类型的围岩蚀变作用，可见不同程度的矿化现象，同时还能观察到一些显著的找矿标志。

1. 围岩蚀变

实习区内最常见的围岩蚀变类型是矽卡岩化，出现在大理岩地层和钙质变沉积岩地层中。矽卡岩化一般发生在中酸性侵入体与含碳酸盐围岩地层的接触部位，有时也发生在变质作用过程中。矽卡岩化以发育石榴子石（钙铝榴石-钙铁榴石系列）、透辉石（透辉石-钙铁辉石），以及其他含有钙、铁、镁的铝硅酸盐矿物为特征（图 3－14）。此外还常有绿泥石、石英和方解石等典型的热液矿物（图 3－15），以及磁铁矿、白钨矿和金属硫化物等金属矿物。矽卡岩化与多种类型的金属矿床联系紧密，具有很强的成矿指示意义。

图 3－14　矽卡岩的主要矿物组成

褐色矿物为石榴子石，绿色矿物为透辉石

图 3-15　围岩蚀变形成的绿帘石脉(Ep)和绿泥石脉(Chl)

在不同成分层互层的钙质变沉积岩地层中，矽卡岩化优先在钙质成分层中发育，使得其中的化学组成和矿物组成发生变化，生成透辉石、石榴子石和符山石等矽卡岩矿物。部分岩石由于磁铁矿的出现，岩石密度显著增大，抗风化能力增强，岩石在野外表现出十分明显的"斑马状"条纹；同时，发生蚀变后的钙质硅酸盐岩整体具有了较强的抗风化能力，这使得发生了矽卡岩化的钙质硅酸盐岩在实习地区内往往呈现出正地形，在野外易于被识别。

2. 矿化现象

实习区范围内出露多种类型的矿化，甚至可见高品位矿石的直接出露。最常见的是稠密浸染状磁铁矿矿石(图 3-16)，常与矽卡岩化一同发育。即使部分磁铁矿矿石中还包含少量硅质岩石残余，矿石的整体品位仍比较高。同时，实习区内还可以观察到发育的黄铁矿、黄铜矿等金属硫化物的露头(图 3-17)，指示实习区域可能存在多种类型的金属矿化。

3. 找矿标志

铁帽作为十分常见的找矿标志，为国内外地质工作者寻找各种类型的金属矿产提供了帮助，在该实习区范围内也极为常见(图 3-18)。当原生的金属硫化物矿床出露地表或进入表生作用影响范围内时，由于受到极其强烈的表生作用改造，金属硫化物矿石的组成和结构都发生了显著改变。当矿石以铁、锰的

图 3 - 16　稠密浸染状磁铁矿矿石

图 3 - 17　代表铜矿化的孔雀石露头

氧化物和氢氧化物为主，且与一些硅质、黏土质物质混杂形成帽状堆积物时，就可以称之为铁帽。铁帽中有时也含部分残留的金属硫化物，如黄铁矿、黄铜矿、方铅矿等，同时也会因含有各种金属元素的次生矿物而具有多种色彩，如孔雀石（翠绿色）、蓝铜矿（蓝色）、褐铁矿（黄褐色-砖红色）、钼华（姜黄色）、镍华（苹果绿色)等,不同的硫化物和次生矿物指示了不同类型金属矿床存在的可能。实习区内的铁帽覆盖了图幅中相当大的范围,暗示该地区的找矿潜力较大。

图 3-18　野外铁帽露头

第三节　野外工作方法

一、常规野外工作方法

1. 野外工具的使用

实习过程中的填图工作主要通过野外观察查明岩石岩性及构造形迹特征,借助野外手图和手持 GPS 确定位置及勾画地质界线。实习装备包括地质锤、罗盘和放大镜等(图 3-19)。

实习中借助同一范围内的卫星拍摄影像(如 Google Earth 图像)作为野外手图的底图,主要有两个用途:一是可以根据摄影提供的地形信息,合理设计路线,避开高山、绝壁、沟谷等不利地形,同时还可以借助标志性的地形在野外迅速确定自己的位置;二是当路线中某些地段通行条件不好或露头不佳时,可以借助图中的信息和已有的地质认识对填图内容进行合理的推测与补充。

实习过程中提供的手持 GPS 能够实时给出持机人所在位置的公里网坐标和 GPS 大地坐标,与实习手图的公里网坐标相对应,还能够在野外及时标记露头及观察点的位置,为进一步勾勒地质界线提供帮助。地质锤在野外用于破碎、采集岩石样品及在必要时剥露岩石的新鲜面。罗盘在野外既可以确定方位、坡角等位置信息,测量地层岩石的倾向、倾角等产状信息,还可以用来确定岩石地层的分布情况及变形状态。放大镜能够帮助鉴定手标本尺度上的矿物组成和矿物结构特征,有利于更加准确地完成岩矿鉴定和岩石定名。

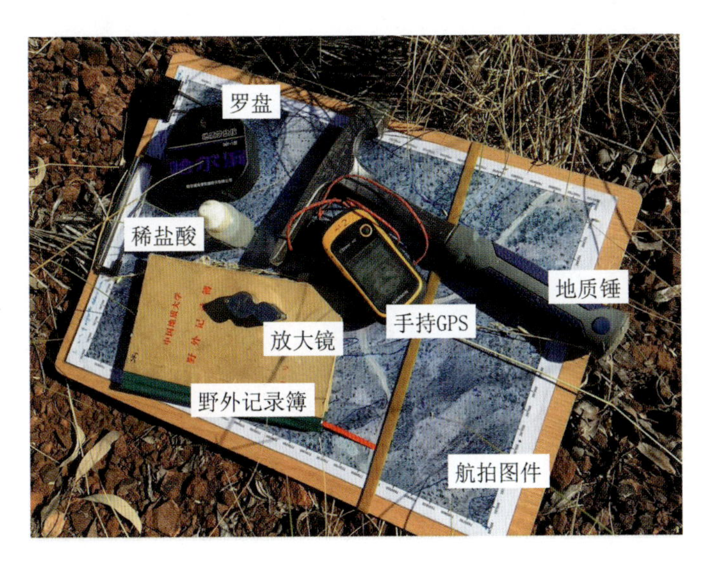

图 3-19 野外实习装备

2. 主要填图方法

填图过程中使用到的方法主要是“穿越法”和“追索法”。实习区大体属于起伏较小的平原地带,通行情况整体较好。“穿越法”主要应用于寻找产状大致平行的不同地质单元之间的界线,在合适的线距条件下,选取大致垂直于岩石地层走向的路线,沿途记录地层单元发生变化的位置,最后将相邻路线上的界线点依次连接起来,便可以得到岩石地层之间的界线。“追索法”适合应用于确定规模不大的侵入体与围岩地层的接触关系,当找到侵入体与地层的接触关系之后，沿着接触界线规划路线并定点，力求完整圈闭侵入体在地表的出露范围。“追索法”还可以用于限定重要地层界线，沿着两种地层的分界线追索，可以将二者的地层界线准确地限定出来。

二、特定任务工作方法

1. 大比例尺精细填图

在开展野外填图工作时，针对工作区域内一些地层和构造较为复杂的地区，以及与矿化密切相关的重点地段，地质工作者往往会将这些区域单独挑选出来以更大的比例尺开展更为精细的填图工作。实习过程中也会选取实习区内的一块 250m×400m 的区域，采用 1∶1000 比例尺开展大比例尺精细填图工作，以此更加准确地了解实习区内的地质现象。

大比例尺精细填图要求所有学生在 4 小时内完成填图并现场提交填图图件，考察学生在有限时间内寻找各种地层界线标志来完成地质填图工作的能力。由于实习区范围相对较小，此时更多地利用“追索法”开展填图工作，可以较快地勾勒出工作范围内两种主要地层单元的界线。当露头条件较差或通行情况受限时，可以借助风化岩石、蚁丘以及植被等间接标志协助填图工作的进行。由于时间有限，灵活运用间接标志寻找边界以及对一些边界进行合理的推测是可以接受的。

2. 小比例尺填图

当工作区域范围较大且地表通行条件较为复杂时，要在较短时间内很好地完成地质填图工作就显得比较困难。这时需要重点学习掌握地质填图的方法，学会在保证填图质量的情况下如何高效地完成填图工作。

首先需要结合以前的工作以及相关的地质资料，充分熟悉和了解实习区内可能会涉及到的各种岩石地层单元和构造形迹，以及地层界线和构造形迹的大致走向，做到心中有数。还可以充分利用 Google Earth 卫星影像提供的信息，如图件上不同区域的颜色和形状等，初步了解实习区内的通行情况、地层分布和构造形迹等。

接着是设计合理的踏勘路线。在比例尺较小、工作范围较大的情况下，涉及到的地层单元以及其他地质内容都会更加复杂。建议在最开始的踏勘路线中能够穿过填图范围内尽可能多的地质界线和主要构造(这些可以根据卫星影像图件进行初步解译),这样既可以帮助小组成员熟悉填图区的情况,还能验证通过卫星影像图件获得的认识是否可靠。同时,合理安排工作量也十分重要,不要为了尽可能安排更多的内容而不顾体力和工作时间的限制。

最后是灵活运用“穿越法”和“追索法”,高效率地完成地质填图。如前所述,“追索法”和“穿越法”都是野外填图过程中常被采用的工作方法,其中“穿越法”可以以较快的速度穿越不同的地层单元,填图范围较大;“追索法”适合在一定范围内快速准确地圈定某个地质体与周围其他地质单元的界线,对于追索岩浆岩侵入体、含矿层和标志层等特殊层位作用显著。因而,对于较大范围的地层单元填图,可以以“穿越法”为主;对于填图区一些特殊的地质现象或者大比例填图,则可以适时采用“追索法”,快速圈定标志性地质单元的边界。

3. 构造内容的统计与分析

区域构造活动不但会产生褶皱、断层等宏观地质构造现象,还会在岩石中留下构造痕迹。通常每一期构造活动,都会对地层或岩石的原生线面理进行改造,产生新一期线面理,所以对岩石地层产状的测量与统计,可以有效地分析填图区域的地质构造演化历史。在野外填图过程中,需要用罗盘测量岩层露头,获取大量的不同期次的层理、面理和线理的产状数据(图 3-20)。利用透明纸或者 Stereonet 程序将各期产状投影到构造赤平投影(或施密特网)图上(图 3-21),可以简便直观地研究地质构造的几何形态并进行应力分析。

图 3-20 实习学生测量变质角闪岩的线理

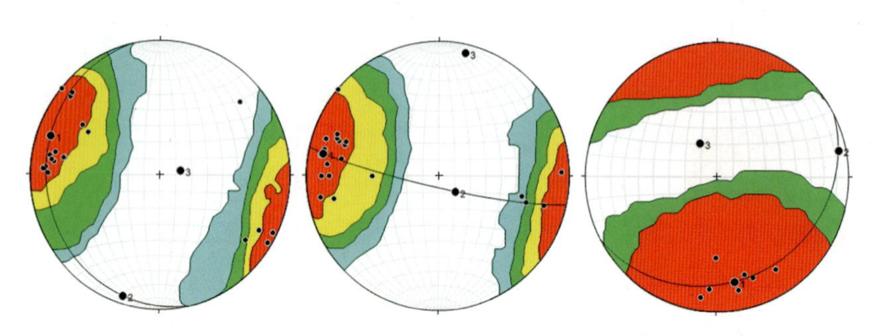

图 3-21 构造赤平投影图显示实习区某地层经历了三次构造活动

1. 褶皱翼部;2. 枢纽;3. 枢纽倾伏方向

三、卫星影像图件和地物标志的使用

1. 卫星影像图件的使用

在国内的地质教学实习以及生产工作中,地质填图一般会选择对应比例尺或更大比例尺的地形图,或先前较小比例尺的地质地形图中的一部分作为工作底图。考虑到实习区的露头条件和工作习惯,本次联合地质实习选择从 Google Earth 下载的卫星影像图件作为工作底图(图 3-22),便于学生在野外确定自己所处的位置以及在露头情况或通行条件不佳时辅助学生判断对应区域的岩性特征和地层走向。实习区内整体地势较为开阔,植被不甚发育,露头裸露条件较好,可以从卫星影像图件上直接看到部分岩性变化的大致边界以及构造形迹等信息。卫星影像图件带有 GPS 坐标网,与手持 GPS 配合使用可以将路线中所见岩性准确地标入图中相应的位置,以便后续完成地质图件的绘制。

图件上的颜色变化与地层岩性有一定关系,含暗色矿物较多的岩石,如辉长岩,在图件中呈现较深的暗绿色,而颜色较浅的石英岩等则在图件上呈浅黄色。在地层岩性发生变化的位置,卫星影像图上通常可见明显的颜色变化,但是不能完全依靠卫星影像图件的颜色判断地层岩性。在填图路线中,某些通行条件较差或露头不佳的地段,可以借助卫星影像图中的信息和先前填图积累的地质认识,对填图内容进行合理的推测与补充。

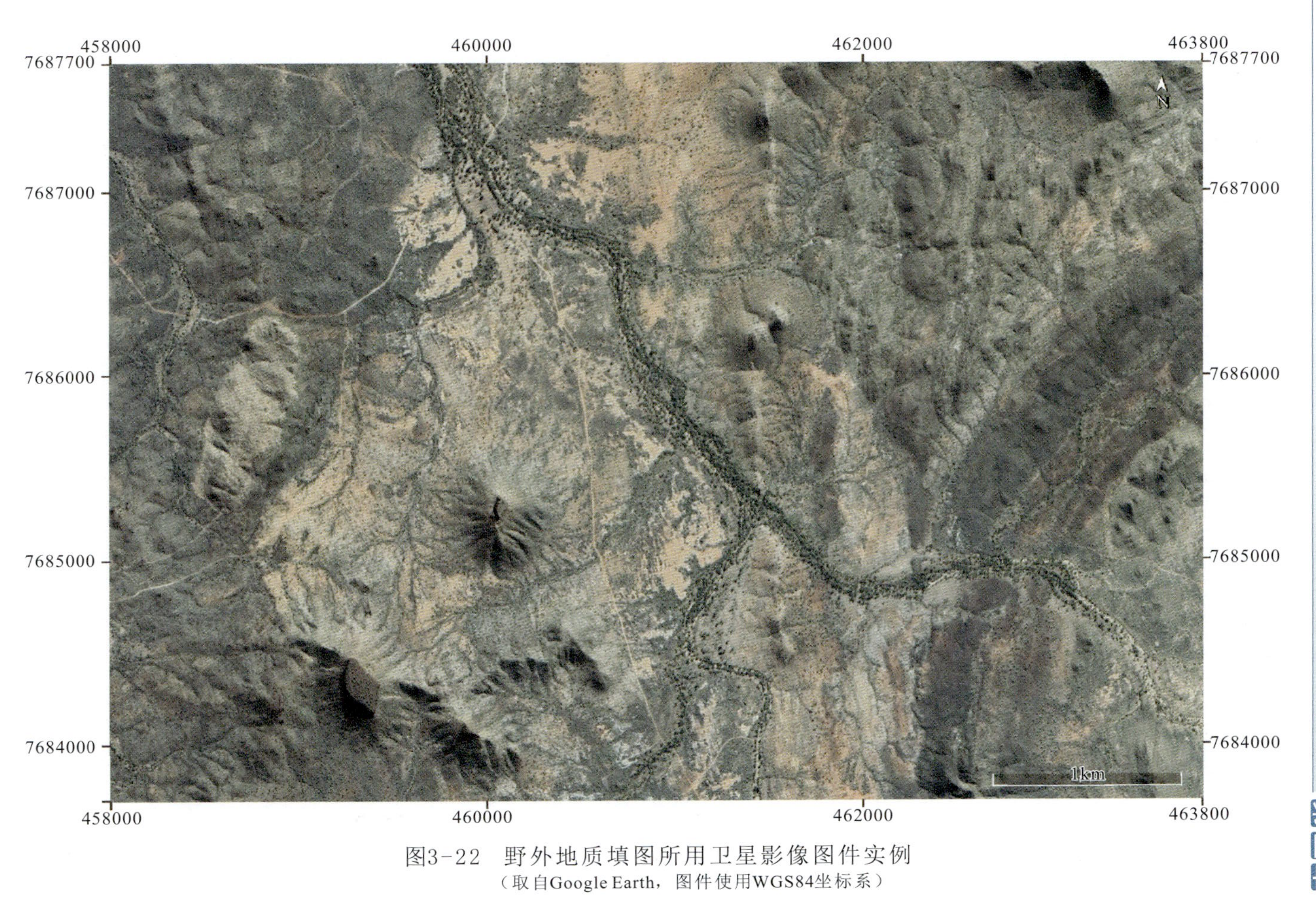

图3-22 野外地质填图所用卫星影像图件实例
（取自Google Earth，图件使用WGS84坐标系）

2. 地面标志的指示作用

合理利用地面标志能够在很大程度上提高填图工作的效率，地面标志主要包括植被、蚁丘和地形等。植被的分布在野外能够为填图工作提供丰富且较为准确的信息，如灰黄色、十分坚硬锋利的硅草通常生长在云母片岩分布的区域，大理岩分布的区域往往会生长一种较为低矮的开着黄色花朵的灌木植物[图 3－23(a)、(b)]，而裸露的土地则一般指示变质角闪岩的存在。远观植被的种类和分布情况，可以帮助学生们更快、更高效地在野外找到岩石地层的界线。同时，实习区内广泛发育的、高出地面的蚁丘也能反映埋藏地下并未出露的岩石信息。红褐色蚁丘通常指示地下变质角闪岩的分布，而颜色较浅的则指示地下石英岩、云母片岩等其他岩性地层的存在[图 3－23(c)]。在地形方面，

图 3－23 填图过程中有指示意义的地物标志

(a)植被的指示意义；(b)大理岩分布区域生长的黄花植物；(c)来自不同地层的蚁丘摆在一起，其颜色有一定差异；(d)变粒岩等较为坚硬的地层形成的正地形

Corella 组中的方柱透辉变粒岩以及一些角砾岩筒、角砾岩带等由于具有较强的抗风化能力，在空间上往往呈现为凸起的正地形[图 3-23(d)]。

四、编制实习成果

每个阶段的实习任务结束后，所有学生都需要撰写一份全英文的实习报告并完成相关地质图件的编绘，这是实习中十分重要的部分，也是联合实习成果的体现。与本科阶段国内的地质教学实习相比，联合地质实习可用于编写报告和绘制图件的时间十分紧凑，留给学生整理和撰写报告的时间只有一天。所以，为了保证实习成果的高质量，推荐学生充分利用每天野外路线结束后的营地休整时间，化整为零，提前动笔，逐步完成实习报告。

主讲老师会在实习开始前给出实习报告的提纲并讲解各部分的要求。实习报告主要包括实习简介、实习区地形地貌、岩性、构造以及区域构造演化 5 个部分的内容。在每天的野外路线过程中，需要学生养成主动观察的习惯，客观且详实地记录野外地质现象，有针对性地采集需要的岩石样品，并对典型或有意义的地质现象进行拍照。通过以上过程积累了足够的野外素材后，对它们进行归纳整理，配合自己的理解与分析，便可完成报告的编写。由于时间紧迫，最好在每天回到营地后完成当天野外工作部分的报告编写，以便为最后的绘图预留充足的时间。

地质图件的编绘工作主要集中在实习的最后一天完成，但在每天的野外路线中，就应在图板上完成地质界线的勾勒以及地质体产状的标注。最后一天要完成的工作主要是将图板上的地质信息转绘至半透明硫酸纸上，进行填色、填充岩性花纹以及补全五要素等，使它成为一张完整、美观的地质图。

第四节　典型矿山考察

一、Mount Isa 矿山

Mount Isa 矿山位于 Mount Isa 内窗层西部褶皱带中(图 2-2)，它于 1923 年被 John Campbell Miles 发现，1924 年开始开采，至 1945 年成为澳大利亚产出规模最大的铅锌矿床。随着开采过程中深部探矿工作的进行，铅锌矿体下部层位揭露出铜矿体。矿体赋存于 Mount Isa 组 Urquhart 页岩之中，Urquhart 页岩由层间细粒碳质、白云质沉积物、含黄铁矿页岩和各种凝灰质层组成(Neudert and Russell，1981)。Paroo 断层将东部 Creek 火山岩和 Urquhart 页岩分隔开，断层深部向东倾斜(图 3-24)。矿体位于 Paroo 断层附近，且矿化自 Paroo 断层开始向外延伸，呈现铜、铅锌矿化分带(Cave et al，2020)。最大的铜矿体(1100 矿体)沿 Paroo 断裂东侧分布。

方铅矿和闪锌矿是铅锌矿体的主要矿石矿物，它们以纹层状、条带状产出，与富集细粒黄铁矿的层位以及白云岩、页岩层交替出现，呈现出典型 SEDEX 型铅锌矿床的特征。菱铁矿、粗粒黄铁矿和钾长石先于铅锌矿化形成，而磁黄铁矿、钨铁矿和黝铜矿则被认为与铅锌矿化同时形成(Blanchard and Hall，1937；Grondijs and Schouten，1937)。铜矿体的主要矿石矿物为黄铜矿。黄铜矿产出时间晚于黄铁矿、硅白云岩、方解石和石英，一般认为黄铜矿与磁黄铁矿、少量硫盐矿物以及极少量方黄铜矿同时期形成(Perkins，1984)。

Mount Isa 矿床参观实习由 EGRU 与 Mount Isa 矿业公司工作人员组织安排，其目的在于通过带领学生们参观生产矿区，在开拓学生视野的同时，使学生们对典型矿化现象和矿山的工作流程有初步认知，进一步培养学生们的专业兴趣与生产实践意识。对 Mount Isa 矿山的考察主要包括两个部分：①聆听 Mount Isa 矿业公司工作人员的讲座(图 3-25)。在 Mount Isa 矿区会议室内，

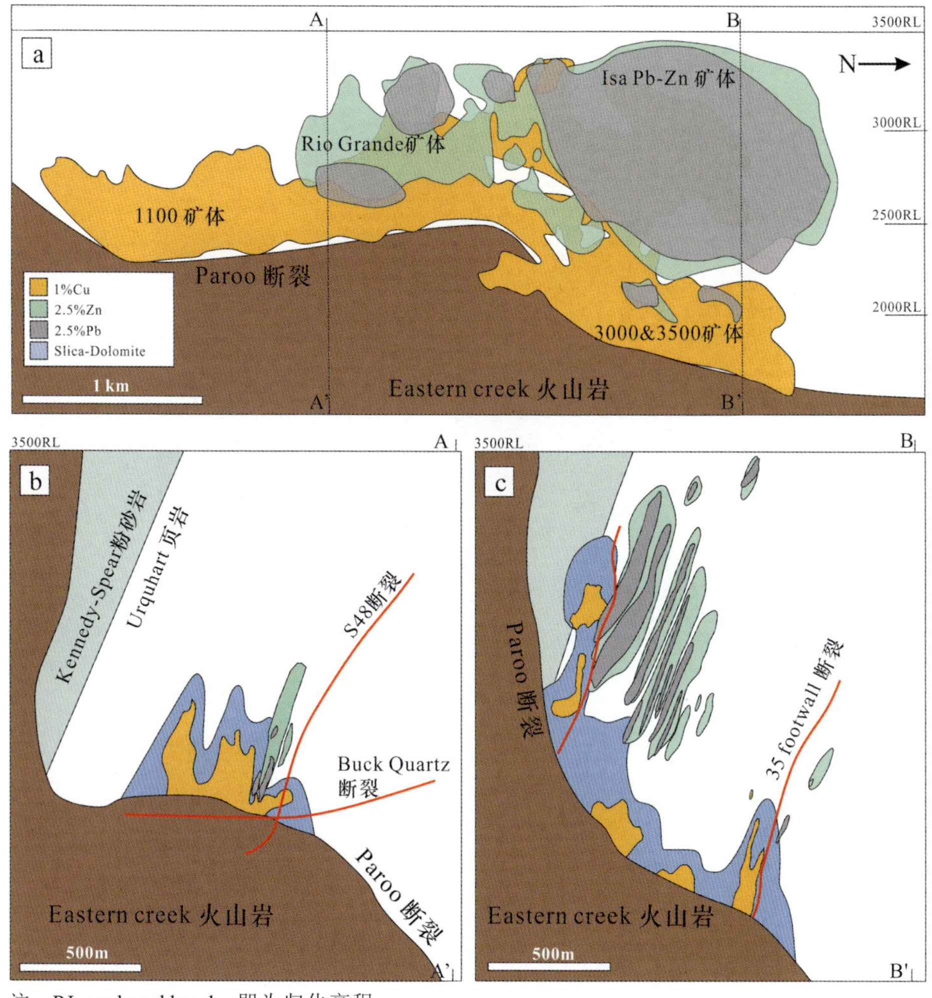

注：RL=reduced level，即为归化高程。

图 3－24　Mount Isa 矿床勘探线剖面图

（据 Cave et al，2020）

一名矿山地质师结合矿山历史及矿床地质特征，向实习师生介绍 Mount Isa 矿床的基本情况和发展历程，使得大家对 Mount Isa 矿床有初步了解。②观察岩芯（图 3－26）。Mount Isa 矿区的岩芯样品集中堆放在地面的岩芯棚内，一列列岩芯整齐的摆放在大致与腰齐平的岩芯架上，充足的光线，以及使用水枪、水壶等小工具使得岩芯观察十分方便。学生们主要对含矿岩芯进行观察:岩芯矿石铅锌矿化十分普遍,且部分岩芯的沉积层理十分清晰,由于受应力作用而形成的褶皱弯曲现象也十分常见(图 3-27)。

图 3-25 Mount Isa 矿山地质工作人员介绍矿床的基本情况

图 3-26 学生们在观察岩芯

图 3-27 Mount Isa 矿床岩芯典型地质现象，褐黄色者为富闪锌矿的硫化物

二、Mary Kathleen 矿山

Mary Kathleen 矿山位于 Mount Isa 内窗层东部褶皱带中(图 2-2)，是澳大利亚著名的铀-稀土元素矿山。20 世纪 50 年代，当地的地质工作者在勘查过程中利用放射性测量的地球物理方法在此处发现了铀的矿化信息(Matheson and Searl，1956)。很快这座矿山就被投入生产，并产出了大量的铀矿资源。经过进一步的找矿勘查工作，地质学家们在邻近地区又发现了达到工业品位的铁-铜-金矿体，使得 Mary Kathleen 成为一处重要的多金属矿山。进入 21 世纪以后，这座传奇的矿山因为有重要的稀土资源又重新回到了人们的视野，再次受到矿产行业科研人员及从业人员的广泛关注。

Mary Kathleen 矿床处于区域性向斜构造的倒转西翼(Matheson and Searl，1956)，地层主要为一系列元古宙变沉积岩，区内也分布有大量断层构造及部分花岗岩和其他基性-酸性侵入体(图 3-28)。沉积地层主要为 Corella 组互层的石英岩、含有杂质的结晶灰岩、硅质麻粒岩和钙质麻粒岩，同时夹有部分基性火山岩薄层。由于变质作用以及流体活动的共同影响，围岩地层中钙质层

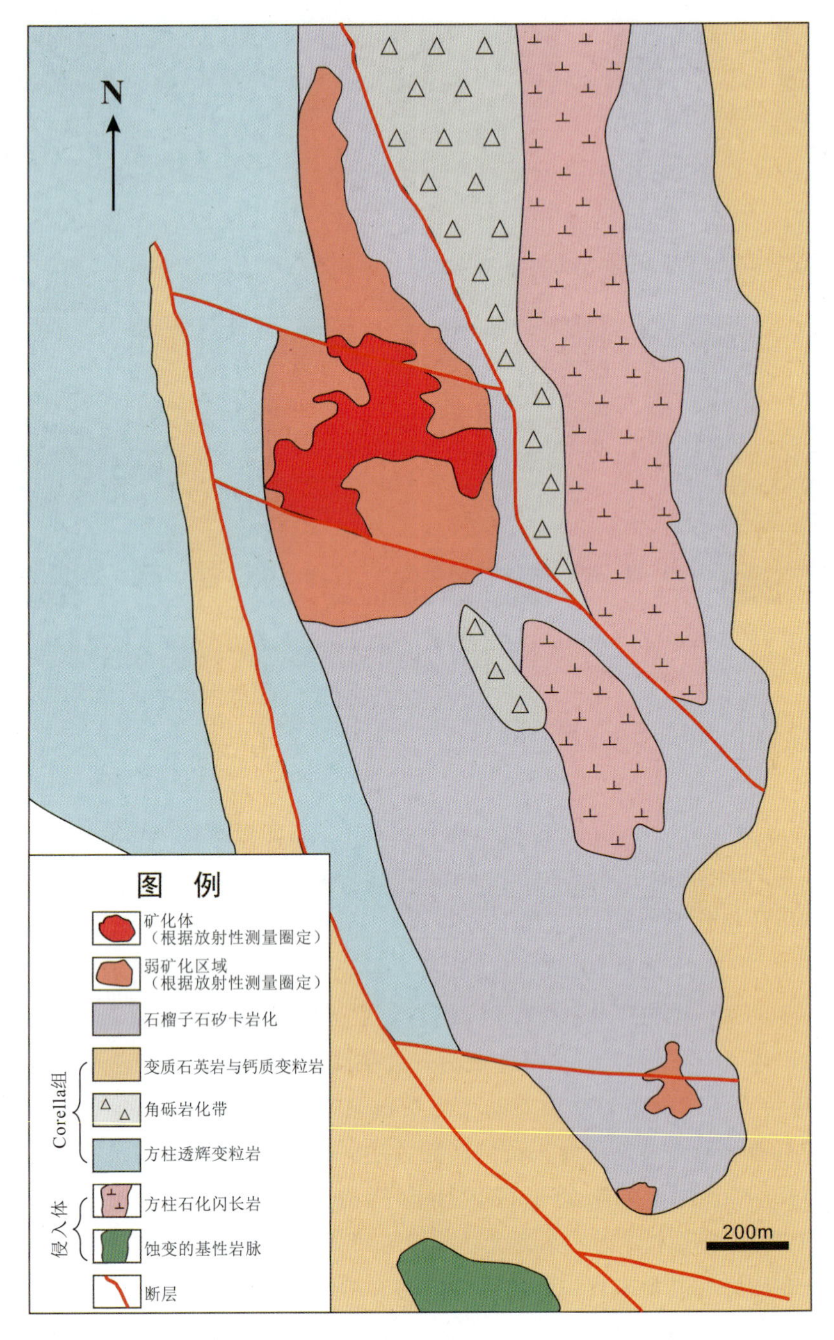

图 3-28 Mary Kathleen矿区地质图(据 Matheson and Searl,1956)

位常发生矽卡岩化，形成透辉石、石榴子石、磷灰石和方柱石等矿物（图 3－29）。石榴子石可分为钙铁榴石和铁铝榴石两类。沥青铀矿是最主要的矿石矿物，矿石中常见沥青铀矿交代钙铁榴石，但铁铝榴石与沥青铀矿几乎没有关系，且当两种不同的石榴子石组成集合体时，沥青铀矿的出现对于钙铁榴石的偏好十分明显（Matheson and Searl，1956）。Corella 组地层在矿区范围内的东西边界都被一套花岗质杂岩体限制，杂岩体的岩性主要为块状粉红色-灰色中粗粒斑状花岗岩。矿区范围内分布着不同方向的断裂构造以及构造破碎角砾岩（图 3－30）。连通性好的断层构造和破碎角砾岩能够帮助成矿流体的迁移和富集，为矿质沉淀和矿床形成提供条件。原始的矿体呈现“蘑菇状”形态，占据直径约 200m 的空间范围，由于连续的开采作业，目前只剩下一个“心”形矿坑。在两条北北西向断裂之间的范围内，钙质麻粒岩和大理岩发生强烈的矽卡岩化，结晶了大量石榴子石，铀矿化的分布范围与矽卡岩空间关系密切（Matheson and Searl，1956）。

图 3－29 Mary Kathleen 矿山典型矿石手标本照片

褐色矿物为石榴子石，绿色矿物为透辉石，灰白色矿物为碳酸盐，烟灰色透明矿物为石英

图 3-30　矿坑采壁上观察到的构造角砾岩及热液蚀变

目前认为，Mary Kathleen 矿床的成因类型为 IOCG 型矿床，具有典型的断裂构造-角砾控矿的特征，矿坑内岩壁上常见不同规模的角砾岩展布(图 3-30)，矿体周围常见的热液重晶石晶洞也能够作为氧化流体活动的证据。IOCG 类型的多金属矿床近年来受到国内外学者的广泛关注，其往往能够产出品位高、规模大的铁-铜-金等一系列金属矿体，且矿石容易开采和冶炼，具有十分重要的工业价值。能够对 Mary Kathleen 这种典型矿床进行实地观察，对于资源勘查工程专业的本科生是十分难得的学习机会。在实习过程中，学生可以直观地观察到 Mary Kathleen 矿床的各类矿化特征和蚀变，能够全面认识各种控矿因素对矿床形成的贡献以及彼此之间的联系。

Mary Kathleen 矿山的露天采坑中积满了潭水，由于重金属离子含量较高而呈现美丽的湛蓝色(图 3-31)。阳光照射，潭水波光粼粼；微风吹拂，水面漾起波纹。在考察 Mary Kathleen 矿床时也要注意一些事项：远离陡崖和落石，尽量走台阶中部；靠近岩壁之前注意观察头顶的岩石是否松动，且避免用地质锤在岩壁上进行采样；行进过程中禁止追逐、推搡。另外，由于 Mary Kathleen 是铀矿矿山，矿石具有一定的放射性，参观完后应尽快洗手，且洗手前不要进食，避免放射性物质由口进入体内。

图 3 - 31　Mary Kathleen 矿山露天采坑整体呈“心”形，矿坑里的水因为金属离子含量较高而呈现湛蓝色

第四章　联合实习经验总结

第一节　出发之前

在去往澳大利亚开展联合实习之前，中国学生需要提前完成多方面的准备，其中护照与签证这两个重要证件的顺利办理是前往海外实习的前提。其次，心理健康、身体体能、日常英语交流、专业知识以及生活实习用品等方面的准备也很重要。以下就不同准备内容进行详细介绍。

一、护照与签证

1. 护照

(1)受理机构：自2019年4月1日实习"全国通办"后，无需前往户籍本地，全国任一出入境管理窗口均可申请办理。武汉市护照办理点较多，可根据需要自行前往。洪山区办理点为武汉市洪山区政务服务中心，位于洪山区文秀路9号。另外，可关注"武汉本地宝"微信公众号进行预约办理。

(2)携带材料：本人携带身份证原件或户口簿原件。

(3)办理费用：首次申请120元/本，邮寄费用30元。

(4)办理时限：30个工作日(非武汉市常住户口居民)；10个工作日(武汉市常住户口居民及驻地部队现役军人)。

(5)提醒事项：因护照办理时限较长，且有效期一般为10年(16周岁以上)，建议尽早办理。

2. 签证

签证办理可选择在澳大利亚驻中国大使馆官网(https://china.embassy.gov.au)进行申请,需要准备的材料及申请流程可见官网,此处不再赘述。

需要注意的是,签证办理时间不固定,受各方因素影响变动较大,建议在确认参加海外联合地质实习后尽快办理。

二、心理健康

对于大多数学生而言,海外联合地质实习可能是人生中第一次出国,甚至可能是第一次乘坐飞机,且需要在一个外语环境中生活20多天,这些既是机遇,也是对个人能力的一次挑战。在实习准备阶段,部分学生难免会思虑过重,担心语言不通无法与外国老师、同学进行交流,专业英语词汇掌握不足无法跟上实习进度,英文写作水平较差无法顺利完成实习报告等,甚至还会担心实习任务过重体能无法支撑,或者身体无法适应当地的食物和气候等。所有的担心和忧虑都属于正常现象,每一届去往澳大利亚实习的同学都会存在类似的种种担忧。适度的紧张与焦虑可以提升同学们对实习的重视程度,也会激发同学们更强的主观能动性为实习进行更周全的准备,但是过度的忧虑可能会带来心理健康方面的问题,从而影响个人的学习生活。针对这些问题,以下列举了一些方法可以用来应对出发前的心理焦虑,同学们可以根据自身情况来合理选择。

(1)心中有数,方能无惧。充足的预案与各项准备是应对一切突发状况的良方,按照本书本章节所提到的方方面面进行准备,提前办理好所需证件和材料,准备好所需物品,调整好身体体能与心理状态,这样就能有底气去面对种种挑战,不至于慌手慌脚。

(2)知己知彼,百战不殆。本书已经包含了诸多实习的相关信息,足够同学们了解实习的整个过程。前往澳大利亚开展联合地质实习前,学院领导、实习带队老师包括曾经参加过联合地质实习的学长学姐们,会与新一届参与实习的同学们进行交流座谈(图4-1),向大家提出要求与建议并传达经验与教训。同学们可以利用前人提供的各种经验做好充足的心理准备,还可以向领队老师和学长学姐们咨询相关问题,也可以向他们倾诉自己的担忧,获取他们的指导与帮助。人类最大的恐惧往往来源于未知,认真了解了压力来源后,有针对性的进行准备，自然能避免盲目担忧所造成的过重的心理压力。

(3)他山之石，可以攻玉。一同前往实习的同伴之间可以就彼此的忧虑进行沟通，还可以共同进行实习准备，比如组团购买实习用品、组队训练体能等，也可以和同伴们在课余时间出去游玩，既能增进相互了解又能借此排解压力。

(4)做好自身的心理建设。预想本次实习的条件将会较为艰苦，是漂洋过海进行学习与交流，而不是轻松的旅行。恰当的心理预设与暗示，能有效避免实习遇到困难时造成较大的心理落差，产生更为严重的心理压力甚至心理问题。

图 4-1　学院领导与2018年入选联合地质实习项目的学生进行座谈

三、身体体能

本次联合地质实习项目需要在野外完成长时间的填图任务，对比同学们以前参加过的周口店、秭归和北戴河实习，此次野外实习条件更加艰苦，任务也更加繁重，对同学们的身体体能是一个很大的挑战。此外，地理气候环境的改变也可能会带来一些如水土不服、气候不适等身体问题，同样需要同学们具备良好的身体素质去克服。强壮的身体和良好的体能是同学们完成联合地质实习的最佳助力，建议入选的同学自名单公布之日后就立刻开始进行身体体能的锻炼。

体育锻炼的方法很多,比如有氧慢跑、深蹲、球类运动等,但是无论什么方法,唯有坚持,才有成效。建议参与实习的同学们组建运动小组,选出专人负责监督,每日进行锻炼打卡,半强制性的锻炼要求能起到较好的锻炼效果。

四、专业知识

联合地质实习需要用到的专业知识,请参照本书第三章进行准备。此外,建议提前温习《普通地质学》《结晶与矿物学》《岩石学》《矿石学》《构造地质学》《矿床学》等专业教材中的基础理论知识,仔细阅读并理解实习区域的地质背景。还可以按照推荐文献目录查阅相关文献进行延伸阅读,且注意在阅读学习的同时积累英文词句的表达,对于实习后期撰写英文实习报告有很大帮助。最重要的还是要熟记实习区中英文地质词汇表(见附录二),其中涉及的词汇是实习中要求必须理解掌握的。

另外,如果时间充足,JCU 的实习主讲老师 Paul Dirks 教授会提前来中国与即将参加联合地质实习的中国学生们见面,并简单介绍实习区的区域地质背景(图 4-2),同学们可以利用这个机会进行知识储备。

图 4-2 联合地质实习主讲教师 Paul Dirks 教授
2018 年访问地大并给学生作报告

五、日常英语交流

实习地点在澳大利亚昆士兰州北部，由于是与詹姆斯·库克大学进行的联合地质实习，与国外教师及学生进行口语交流是无法避免的，因此进行日常英语交流的准备就显得很有必要。

日常英语交流主要包括两个方面："听得懂"和"说得出"。

"听得懂"是指首先需要听懂国外师生的口语。詹姆斯·库克大学的师生并不全是澳大利亚人，也有很多国际学生，即使大家都用英文交流，但是不同的人可能会有不同的口音，日常交流中想要一字一句完全听懂可能会存在一些困难。国外师生通常会在日常交流中考虑到中国学生的口语水平，尽量使用较慢的语速和简单的词汇，以便于交流。中国学生在出发前要有针对性地对日常口语交流进行准备，能够在实习过程中有效提升交流的效率。

"说得出"意味着有能力且敢于使用英语表达自己的想法。清楚明了地用英文表达自己的观点首先需要一定量的词汇和句式积累，而利用观看英语影视作品时积累英语口语表达是不错的学习方法。其次，要敢于用英文表达自己的想法，这需要正确理解交流的目的。交流是为了听懂双方的观点从而达到交换意见的目的，不必过分在乎口音或者连贯度，而要像用母语表达自己观点一样保持自信。对于口音很严重的同学，可以选择一位自己喜欢的英语母语的人来模仿他/她的发音；对于连贯度很差的同学，多说多练即可。另外，参加学校的英语角活动（英语沙龙）对于口语交流能力的提升也有很多帮助，还可以参加丝绸之路学院组织的有国际留学生参与的活动，多尝试与留学生使用英语进行交谈，同样有利于"说得出"。

六、生活实习用品

（1）重要证件材料：身份证、护照、准签信、登机牌、邀请信。

（2）地质实习装备：绑腿、安全服、遮阳帽、防晒霜、墨镜、水壶（袋）、睡袋、背包、野簿、地质锤、放大镜、罗盘、酸瓶、多色记号笔等。

（3）个人生活用品：日常衣物（以夏季衣物为主，几件秋冬衣物为辅）、洗漱用品、电子产品（转换插头）、生活杂物等。

第二节　来往旅途

一、随身物品

旅途需乘坐飞机，携带行李不超过一个行李箱、一个背包、一个手提包（可选）为最佳。行李箱随机托运，背包和手提包可以带上飞机，便于随时取用物品。但是，随身携带的物品和托运物品尤其需要注意以下几点：

(1)重要证件和材料必须随身携带，以方便检查。

(2)手机、电脑、平板、充电宝（容量小于 30 000mAh）等电子产品以及任何含锂电池的物品需要随身携带，不得托运。

(3)严格遵守澳大利亚的入关要求以及飞机的托运要求，按要求准备行李。

(4)其他物品基本可以放入行李箱内托运，注意不要超过总质量要求（一般一个行李箱不得超过 20kg），超出部分需要支付较为昂贵的托运费用。

二、旅途之中

实习师生的出发与到达由学院统一组织和安排，参与实习的学生需要听从带队老师的安排，切勿脱离集体单独行动。

在出发前，推荐大家下载“航旅纵横”等航班管理 APP，进行线上值机与座位选取，既可以节约值机时间，也可以选择相邻座位与同行同学相互照应。另外，根据航向与飞行时间选择合适的座位，还可以欣赏到壮观的朝霞与晚霞，为旅途增添趣味（图 4－3）。

到达澳大利亚进行清关时，为了避免不必要的麻烦，所有同学务必保证自己所带随身物品没有海关检查中的违禁品。澳大利亚海关规定的违禁品一般包括肉蛋类食物、液体饮料、动植物类制品、防晒喷雾、打火机等易燃易爆物品，更详细的违禁物品清单请查阅海关相关规定。返程注意事项同上，返程时购买的澳大利亚物产也需要遵守海关条例，避免被扣留。

图 4-3 飞行在太平洋上空

旅途之中最重要的是切记保管好护照、身份证等重要证件。若护照不幸丢失，请在第一时间内报警。若无法寻回，再及时联系当地大使馆办理旅行证回国。

第三节 实习期间

到达实习期间居住的 Cloncurry 小镇后，所有老师和同学在一处房车营地入住。房车营地内含多栋独栋房屋，分大小两种类型，大屋可入住 4～5 人，小屋可入住 2～3 人(图 4-4)。学生们可以自行选择室友与房型，中国学生可以住在邻近区域方便照应。

入住后，所有老师和学生们一起吃晚饭，实习主讲老师会在晚饭后召开一个简短的会议，完成实习分组及实习设备的发放，学生们需要妥善保存实习用品并尽快熟悉其使用方法。接下来就是近 20 天的野外实习，出野外前检查实习装备是否携带完整，水与食物是否充足，即可集体乘车开始每日实习行程。当天实习结束后，同学们需在约定时间内回到野外集合地点，一同乘车返回营地。每日晚饭集中供应，晚饭后实习主讲老师会根据课程安排对当天的实习内

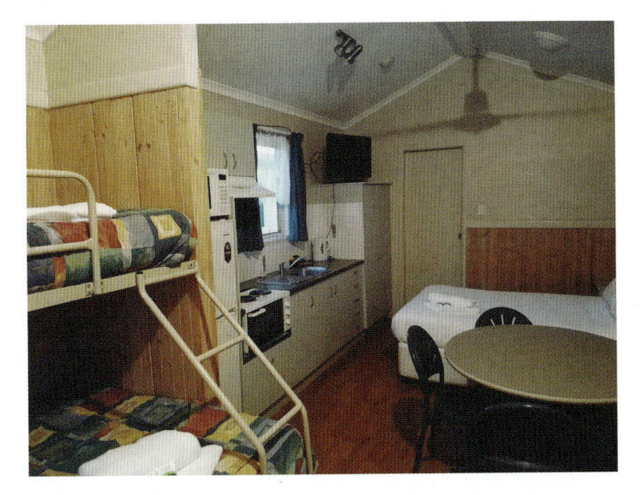

图 4-4　野外实习期间在 Cloncurry 小镇房车营地的居住环境

容进行讲解或对第二天的实习内容进行安排，需认真听讲并做好笔记记录(图 4-5)。

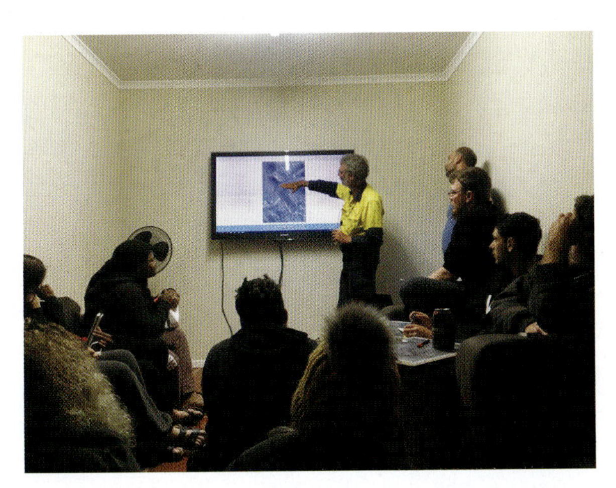

图 4-5　Paul Dirks 教授在实习营地讲解实习内容

在出野外的过程中，建议同学们坚持将每天观察到的不同的地层岩石、岩浆岩以及特殊构造等地质现象拍摄下来，晚上回到住处后对当日的照片进行整

理，并对地质现象进行简单的描述。每日积累的素材可以为后期撰写实习报告提供很多信息，大大减轻了后期提交实习成果的压力。实习期间应按照规范与要求认真完成实习任务与实习报告，切勿抄袭。

第四节　实习期后

实习结束后所有参与实习的中国学生将在带队老师的带领下一同回国返校。根据学院与学校的出国访学要求，所有参与实习的中国学生回校后还需要完成以下两件事情。

(1)每位同学都需要完成一份图文并茂的联合地质实习报告(中文)，既是自己对整个实习过程的总结与感悟，也可以为学院以后开展类似的海外联合地质实习提供宝贵的意见和建议。

(2)参与实习的学生需要在校内举行一次“国际交流返校分享会”，要求通过PPT展示的方式，向感兴趣的师生展示联合地质实习的经历，分享在实习中的见闻与收获(图4-6)。

图4-6　参与联合地质实习的学生在实习结束回校后进行经验分享

第五章　海外的风土见闻

在澳大利亚生活的20多天，同学们除了观察丰富新奇的地质现象，还能感受尊重自然、敬畏生命的意识以及开放思考、鼓励创新的氛围。初次相遇，澳大利亚的神秘面纱被慢慢掀起；深入了解，这里的一切都那么新奇可爱；离别时刻，除了不舍，更多的是对未来的期许。一届又一届的资源学子，同JCU的地质伙伴一起，相互学习、共同进步，创造了一段又一段的美好回忆。

第一节　面纱掀起，不再神秘

一、参观校园

来到汤斯维尔的第一天，我们就在JCU老师的带领下参观了JCU校园，包括图书馆、多功能教室以及实验室。JCU的图书馆和多功能教室为师生提供了丰富的文献资料与网络资源，随处可见的学习休闲区也为大家提供了舒适自在的学习环境。实验室设备齐全、整洁干净，中国学生在参观重力分选实验室及显微镜室时还偶遇了正在使用实验设备的JCU学生(图5-1)。JCU对学生自主学习研究的支持以及JCU的学生们对地质科研的热情都令中国学生们备受鼓舞。中国学生还参观了JCU的经济地质研究中心(EGRU)，EGRU的工作人员向中国学生详细介绍了研究中心，展示了研究中心的成果。EGRU与地方政府以及许多矿业公司联系密切，众多的合作为EGRU提供了充足的科研经费，支撑他们完成了很多有意义的研究，相关研究成果对矿业公司的找矿勘查工作也有重要指导作用。令人印象最深刻的还是JCU的校园环境，这里的校园并不是一个独立局限的区域，校园与城市、与自然都是完美衔接融合的。漫步在校园中，可以看到火鸡在沿路觅食、袋鼠在草坪上打盹、笑翠鸟在树林间飞行穿梭……奇特的植物，悠闲自在的野生动物，一幅人与自然和谐相处的景象，

十分美好。

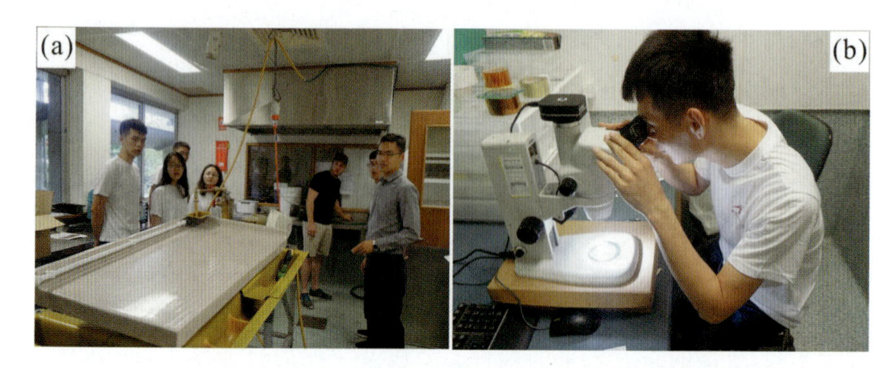

图 5-1　中国学生参观 JCU 的重力分选实验室(a)和显微镜观察实验室(b)

二、学术沙龙

参观 EGRU 期间，中国学生受邀参与 EGRU 的学术活动(图 5-2)，EGRU 的几位老师分别向中国学生介绍了他们的研究兴趣与研究方向。EGRU 的老师虽然人数不多，但他们每人都有多个感兴趣的研究方向，对地质科研工作充满热情。报告之后，与会人员进行了热烈的交流讨论，思维的火花不断迸发。虽然中国学生对于报告中所涉及的一些专业知识还不能完全理解，但通过学术沙龙能感受 EGRU 的研究生开展科研工作的态度和学术交流的氛围。

图 5-2　一名 EGRU 的研究生通过学术报告展示研究成果

三、城堡山观光

坐落在城堡山(Castle Hill)脚下的汤斯维尔，是一座风景如画的海滨城市。登上城堡山山顶，便可俯瞰整个汤斯维尔的城市风貌(图 5－3)，包括周围一些充满热带风情的岛屿，天气好时甚至可以眺望到 20 分钟航程之外的“磁岛”(Magnetic Island)——18 世纪的著名航海家詹姆斯·库克船长远航经过此处时发现船上的指南针出现了异常并由此发现了美丽的汤斯维尔，而詹姆斯·库克大学也是为了纪念这位富有探索精神和浪漫情怀的传奇航海家而得名。

中国学生们在 JCU 老师的带领下，爬上城堡山俯瞰汤斯维尔(图 5－4)。城堡山的主体是一套花岗岩岩基，表面因为风化而多呈现砖红色，上山途中也可见许多明显的球形风化。与众多的花岗岩山体一样，城堡山见证了亿万年来沧海桑田的变化：随着成千上万年的风化剥蚀，熔岩之下的岩浆通道被逐渐剥出，花岗岩周围脆弱的沉积岩被时光轻易抹去，留下了这座孤傲挺拔的城堡山。城堡山就像一座时钟，记录着汤斯维尔千万年来的变化；同时也像一位士兵，守护着这里的每一寸土地和生活在这里的每一个人。

图 5－3　站在城堡山山顶俯瞰汤斯维尔

图 5-4　2017 年参加首届联合地质实习的中国学生
在城堡山山顶合影

第二节　身临其境，非凡体验

一、实习饮食

民以食为天，在澳大利亚野外实习期间的饮食虽然难以满足中国学生的"中国胃"，但是也是一种特殊的体验和难忘的回忆。实习期间，所有的学生被两两分组进行排班，所有老师和同学的早餐由当天值日的两位同学负责制作。如果 JCU 没有派专门负责后勤的老师一起参与野外实习，那么晚饭也需要由每天值日的两位同学共同制作完成。每天早上吃过早餐后，所有同学和老师便制作三明治、卷饼等简餐，再带上一些水果和能量棒作为野外的午餐。制作所有人的早饭和晚饭虽然辛苦，但也十分锻炼同学们的实践动手能力。最令老师和同学们开心的就是中国学生制作中国食物的时候（图 5-5），相比单调的面包、培根、香肠、奶酪，充满烟火气的中国食物既能满足中国同学的思乡之情，又能极大的丰富外国老师和同学们的味蕾体验。利用国外的食材和烹饪条件制作中国食物虽然不易，但是看到所有人对中国学生们用心制作的中式晚餐赞不绝口的时候，大家觉得一切辛苦都值了。毕竟，美食的意义，除了品尝，还有分享。

每完成一部分填图任务，外国学生们就会组织一些小型派对，他们邀请中国学生一起参加。大家在派对上一起玩游戏、讲笑话、聊天，氛围轻松和谐，既能缓解疲劳，又促进了中外学生间的友谊。恰逢有昆士兰州参加的 AFL（澳大利亚足球联赛）比赛的时候，澳大利亚学生们就会换上昆士兰州的队服，前往附近的酒吧观看比赛。感兴趣的中国学生也和他们一同前往，深入体验当地文化。

图 5－5　中国师生实习期间制作的中式晚餐广受欢迎

二、野外露营

第一阶段的填图工作结束后，最令中国学生兴奋的野外露营开始了。露营对于澳大利亚学生而言不是什么新鲜事，但对于大部分中国学生而言都是前所未有的体验。经验丰富的澳大利亚学生教会了中国学生们固定帐篷、点燃篝火等露营技巧，彼此间的友谊在学习分享与实践的过程中又增进了一步。大家的帐篷都安装好后，天色也逐渐暗了下来，篝火开始熊熊燃烧。大家围绕篝火而坐，大火烤得脸有些微烫（图 5－6）。天空可见明月和缓慢飘动的云朵，月光洒在地面和植被上，似有苏轼的“庭下如积水空明，水中藻荇交横，盖竹柏影也”的意境。篝火晚会上，来自不同国家的学生和老师一起分享着具有特色的歌曲，中国学生也合唱了校歌——《勘探队员之歌》，并向澳大利亚的小伙伴们介绍了歌曲的来历以及中国地质大学的校史。讲笑话、听故事、聊天畅谈、烤棉花糖……欢声笑语一片，其乐融融。夜色更深了，火苗在大家的欢笑中慢慢黯淡下来，地面上的光也被夜色吞噬，漆黑一片。此时再抬头仰望天空，只见漫天星光，银河也清晰可见。在这浩瀚的星空下，每个人都显得极其渺小。地面依旧平坦无边，远远望去似乎还能看到地平线上浅淡的微光，混合着特别明亮的几颗星星（图 5－6）。近处则是零零落落分布的帐篷，被荒原的风吹动着帆布，伴随着不时传来的昆虫窸窣声，似乎形成了一种交响乐，长久地回荡在脑海中。闭上眼睛，伴着这声音入睡，能够感觉自己与大自然真正的融为了一体。清晨，伴着牛的哞声从睡梦中醒来，打开帐篷，朝阳还未从地平线上升起，朝霞却已经将天空映成一片橙红，随手一拍，都是一幅无与伦比的画卷。野外露营既能让同学们与大自然亲密接触，又能培养地质专业学生的野外生存能力，相信这非凡的经历一定会深刻铭记在同学们的心中。

图 5－6　实习师生围坐篝火旁交流

三、野生动物

在澳大利亚出野外，偶遇形形色色的野生动物基本上是常事。蹦蹦跳跳的袋鼠、飞奔而过的鸸鹋、匍匐在草丛中的蛇（冬眠）、行动缓慢的骆驼［图 5－7

(a)]、成群结队的奶牛、趴在石头上晒太阳的蜥蜴[图 5 - 7(b)],还有抢食腐肉的秃鹫……即使周围的野生动物小心翼翼地躲了起来,只要留心观察,还是能发现很多野生动物在附近出没的痕迹,比如高高的白蚁窝、刺猬打出的地洞、架在树上的鸟窝以及鸟窝中不知何时会孵化的鸟蛋……各种各样的野生动物为实习过程增添了许多乐趣。

图 5 - 7　野外实习过程中遇到的野生动物

尽管在野外实习中能远远地看到袋鼠、鸵鸟等野生动物,但去到当地的野生动物园与它们近距离接触又完全是另一种体验。JCU 的老师和员工在中国学生回国前,会带中国学生参观汤斯维尔当地的 Billabong Sanctuary 动物园。Billabong Sanctuary 位于汤斯维尔以南 17km 的 Bruce Highway(布鲁斯公路)旁,由当地的动物保护组织管理经营。进入园内,这里树木茂密,湖水清澈,首先迎接游客的是一群很像鸭子的动物,丝毫不怕人,在游客的脚下转来转去,等待着被投喂。懒洋洋的树袋熊吃饱后被饲养员放在凳子上趴着,游客可以抚摸它的背,捋它柔顺的毛发[图 5 - 8(a)]。除了热闹的鳄鱼喂食表演外,动物园内每隔一段时间都会有各种各样的动物表演,游客还可以在工作人员的指导下与小鳄鱼、大蟒蛇、袋熊、考拉等动物合影。大部分中国学生都无法抵御考拉的软萌可爱,纷纷排着队抱着考拉合影[图 5 - 8(b)]。袋鼠园是动物园最热闹的地方,被围栏隔开的区域内有好几十只袋鼠,很多小朋友正在给袋鼠喂食,袋鼠们也很乖巧地吃着。这里的袋鼠和野外的袋鼠不太一样,一点也不怕人,一把饲料就可以轻易地把它们吸引过来,然后就任由游客抚摸。中国学生们在动物园游览半天，见到了澳大利亚独有的各种珍奇动物，并与它们进行了亲密接触，又是一段美妙而又珍贵的独特回忆。

图 5－8　中国学生在动物园与野生动物亲密接触

(a)袋熊；(b)考拉

第三节　不舍离别，继续前行

随着野外工作的结束，中国学生在澳大利亚短暂却充实的地质实习也步入尾声。离开汤斯维尔前，中国学生在 JCU 老师和员工的带领下游览了这座热情又宁静的海滨小城。湛蓝澄澈的天空、碧波荡漾的海面、高挺耸立的椰树……即便只是短暂停留，这座城市里的种种细节都为参与实习的所有学生编织了一段难忘的回忆。

离别前一晚，JCU 的老师和同学们邀请中国学生去海滨公园一起烧烤，作为送别晚宴。海边的公园里设有各类休闲游玩设施，例如儿童戏水乐园、海洋馆、艺术中心等。在海边的木板步道上，不时有人在慢跑、散步或者遛狗，悠闲自在的生活气息扑面而来。走上沙滩，中国学生兴奋地脱下鞋子，踩在金黄细软的沙子上，沐浴着凉爽的海风，慢慢向海边走去。浪花拍打着双脚，带着余温的海水在脚下流淌，近 20 天出野外的疲倦在这一刻烟消云散(图 5－9)。

夕阳落下，夜幕将至，中国学生们回到公园内的长亭中，与老师们一同准备丰盛的晚餐。大家一边品尝着来自异国他乡的美味，一边与老师们讨论着本次实习中的见闻，晚餐的气氛轻松愉快，人群中不时响起大家爽朗的笑声。中国

图 5-9 中国学生漫步在 Townsville 海边沙滩

学生们纷纷表达对两位实习主讲教师 Paul Dirks 教授和 Ioan Sanislav 博士的敬佩之情，两位老师也鼓励中国学生们在未来的学习工作中尽快找到自己的兴趣所在，向着感兴趣的方向不断努力，多实践、多思考，提高专业水平技能的同时，发现学习工作中的乐趣。

美好的相聚之后是难舍的离别，中国学生与 JCU 的老师们互赠了礼物(图 5-10)，所有人在不舍中一一道别。此时，暮色已深，海风微凉，人群消散，留下一片寂静。中国学生们即将带着满满的收获与美好的回忆，踏上回国之路。

图 5-10 中国学生与 Paul Dirks 教授交谈并互赠礼物

主要参考文献

BARTON M D，2013. Iron Oxide(Cu－Au－REE－P－Ag－U－Co) Systems. In Treatise on Geochemistry[M]. Second Edition. Holand：Elsevier.

BEARDSMORE T J，NEWBERY S P，LAING W P，1988. The Maronan Supergroup：an inferred early volcano－sedimentary rift sequence in the Mount Isa Inlier，and its implications for ensialic rifting in the Middle Proterozoic of northwest Queensland [J]. Precambrian Research，40/41：487－507.

BELL T H，1983. Thrusting and duplex formation at Mount Isa，Queensland，Australia [J]. Nature，304：493－497.

BELL T H，HICKEY K A，1998. Multiple deformations with successive subvertical and sub－horizontal axial planes in the Mount Isa region：their impact on geometric development and significance for mineralization and exploration [J]. Economic Geology，93：1369－1389.

BETTS P G，GILES D，LISTER G S，2004. Aeromagnetic patterns of half－graben and basin inversion：implications for sediment－hosted massive sulfide Pb－Zn－Ag exploration [J]. Journal of Structural Geology，26：1137－1156.

BETTS P G，GILES D，LISTER G S，et al.，2002. Evolution of the Australian lithosphere [J]. Australian Journal of Earth Sciences，49：661－695.

BIERLEIN F，BETTS P G，2004. The Mt Isa Fault Zone is really a terrane bounding suture [J]. Earth and Planetary Science Letters，225：279－294.

BLAKE D H，STEWART A J，1992. Stratigraphic and tectonic framework，Mount Isa Inlier [J]. Australian Geological Survey Organization Bulletin，243：1－11.

BLAKE D H，1987. Geology of the Mount Isa Inlier and environs，Queensland and northern Territory [J]. Earth Science Reviews，27(3)：277－278.

CAVE B，LILLY R，BAROVICH K，2020. Textural and geochemical analysis of chalcopyrite，galena and sphalerite across the Mount Isa Cu to Pb－Zn transition：implications for a zoned Cu－Pb－Zn system [J]. Ore Geology Review，124：1036.

CONNORS K A，LISTER G S，1995. Polyphase deformation in the western Mount Isa

Inlier, Australia: episodic or continuous deformation [J]. Journal of Structural Geology, 17: 305 - 328.

DRUMMOND B J, GOLEBY B R, GONCHAROV A, et al., 1998. Crustal - scale structures in the Proterozoic Mount Isa Inlier of north Australia: their seismic response and influence on mineralization [J]. Tectonophysics, 288: 43 - 56.

ERIKSSON K A, SIMPSON E L, JACKSON M J, 1993.Stratigraphical evolution of a Proterozoic syn - rift to post - rift basin: constraints on nature of lithospheric extension in the Mount Isa Inlier, Australia [J]. International Association of Sedimentologists Special Publication, 20: 203 - 221.

ETHERIDGE M A, RUTLAND R W R, WYBORN L A, 1987. Orogenesis and tectonic process in the Early to Middle Proterozoic of northern Australia [J]. American Geophysical Union Geodynamic Series, 17: 131 - 147.

FOSTER D R W, AUSTIN J R, 2008. The 1800～1610Ma stratigraphic and magmatic history of the Eastern Succession, Mount Isa Inlier, and correlations with adjacent Paleoproterozoic terranes [J], Precambrian Research, 163(1 - 2): 7 - 30.

FOSTER D R W, RUBENACH M J, 2006.Iso - grad patterns and regional low - pressure, high - temperature metamorphism of pelitic, mafic and calc - silicate rocks along an east - west section through the Mt Isa Inlier [J]. Australian Journal of Earth Sciences, 53: 167 - 186.

GILES D, NUTMAN A, 2003. SHRIMP U - Pb zircon dating of the host rocks of the Cannington Ag - Pb - Zn deposit, southeastern Mt Isa Block, Australia [J]. Australian Journal of Earth Sciences, 50: 295 - 309.

GILES D, BETTS P G, LISTER G S, 2002. A continental back - arc setting for the Early Proterozoic basins of north - eastern Australia [J]. Geology, 30: 823 - 826.

GILES D, BETTS P G, AILLE RES L, et al., 2006. Evolution of the Isan Orogeny at the southeastern margin of the Mt Isa Inlier [J]. Australian Journal of Earth Sciences, 53: 91 - 108.

GROVES D I, BIERLEIN F P, MEINERT L D, et al., 2010. Iron oxide copper - gold (IOCG) deposits through earth histoiy: implications for origin, lithospheric setting, and distinction from other epigenetic iron oxide deposits [J]. Economic Geology, 105(3): 641 - 654.

HAND M, RUBATTO D, 2002. The scale of the thermal problem in the Mount Isa Inlier [J]. Geological Society of Australia Abstracts, 67: 173.

HITZMAN M W, VALENTA R K, 2005. Uranium in iron oxide - copper - gold (IOCG) systems [J]. Economic Geology, 100(8):1657.

HOLCOMBE R J, PEARSON P J, OLIVER N H S, 1991. Geometry of a Middle Proterozoic extension decollement in northern Australia [J]. Tectonophysics, 191: 255 - 274.

JACKSON M J, SCOTT D L, RAWLINGS D J, 2000. Stratigraphic framework for the Leichhardt and Calvert Superbasins: review and correlations of the pre~1700 Ma successions between Mt Isa and McArthur River [J]. Australian Journal of Earth Sciences, 47: 381 - 404.

KWAK T A P, ABEYSINGHE P B, 1987. Rare earth and uranium minerals present as daughter crystals in fluid inclusions, Mary Kathleen U - REE skarn, Queensland, Australia [J]. Mineralogical Magazine, 51(363): 162 - 170.

LAING W P, 1998. Structural - metasomatic environment of the East Mt Isa Block base - metal - gold province [J]. Australian Journal of Earth Sciences, 45: 413 - 428.

LIU L M, ZHANG Y, 2007. Numerical modeling of the coupled mechanical and hydrological processes during deformation and mineralization in the Mount Isa block, Australia [J]. Resource Geology, 57(3): 283 - 300.

LOOSVELD R J H, SCHREURS G, 1987. Discovery of thrust klippen, northwest of Mary Kathleen, Mount Isa Inlier, Australia [J]. Australian Journal of Earth Sciences, 34: 387 - 402.

LOOSVELD R J H, 1989a. The intra - cratonic evolution of the central eastern Mount Isa inlier, northwest Queensland, Australia [J]. Precambrian Research, 44: 243 - 276.

LOOSVELD R J H, 1989b. The synchronism of crustal thickening and high T/low P metamorphism in the Mount Isa Inlier, Australia 1. An example, the central Soldiers Cap belt [J]. Tectonophysics, 165: 191 - 218.

LOTTERMOSER B G, 2011. Colonisation of the rehabilitated Mary Kathleen uranium mine site (Australia) by Calotropis procera: toxicity risk to grazing animals [J]. Journal of Geochemical Exploration, 111(1 - 2): 39 - 46.

LOTTERMOSER B G, ASHLEY P M, 2005. Tailings dam seepage at the rehabilitated Mary Kathleen uranium mine, Australia [J]. Journal of Geochemical Exploration, 85(3): 119 - 137.

MAAS R, MCCULLOCH M T, CAMPBELL I H, et al., 1987. Sm - Nd isotope systematics in uranium - rare earth element mineralization at the Mary Kathleen uranium mine, Queensland [J]. Economic Geology, 82(7): 1805.

MACCREADY T, GOLEBY B R, GONCHAROV A, et al., 1998. A framework of overprintingorogens based on interpretation of the Mount Isa Deep Seismic Transect [J]. Economic Geology, 93: 1422 - 1434.

MARK G, FOSTER D R W, 2000. Magmatic albite - actinolite - apatite - rich rocks from the Cloncurry district, Northwest Queensland, Australia [J]. Lithos, 51: 223 - 245.

MARSHALL L J, OLIVER N H S, 2008. Constraints on hydrothermal fluid pathways within Mary Kathleen Group stratigraphy of the Cloncurry iron - oxide - copper - gold District, Australia [J]. Precambrian Research, 163(1 - 2): 151 - 158.

MATHESON R S, SEARL R A, 1956. Mary Kathleen uranium deposit, Mount ISA - Cloncurry district, Queensland, Australia [J]. Economic Geology, 51(6): 528 - 540.

MCCULLOCH M T, 1987. Sm - Nd isotopic constraints on the evolution of Precambrian crust in the Australian continent [J]. American Geophysical Union Geodynamics Series, 17: 115 - 130.

MCDONALD G D, COLLERSON K D, KINNY P D, 1997. Late Archean and Early Proterozoic crustal evolution of the Mount Isa Block, northwest Queensland, Australia [J]. Geology, 25: 1095 - 1098.

MCLAREN S, SANDIFORD M, HAND M, 1999. High radiogenic heat - producing granites and metamorphism: an example from the western Mount Isa Inlier, Australia [J]. Geology, 27: 679 - 682.

MCLELLAN J G, OLIVER N H S, 2008. Discrete element modelling applied to mineral prospectivity analysis in the eastern Mount Isa Inlier [J]. Precambrian Research, 163: 174 - 188.

NIJMAN W, LOCHEM J M, SPLIETHOFF H, et al., 1992. Deformation model and sedimentation patterns of the Proterozoic of theParoo Range, Mount Isa Inlier, Queensland, Australia [J]. Australian Geological Survey Organization Bulletin, 243: 29 - 73.

NUTMAN A P, EHLERS K, 1998. Evidence for multiple Paleoproterozoic thermal events and magmatism adjacent to the Broken HillPb - Zn - Ag orebody, Australia [J]. Precambrian Research, 90: 203 - 238.

NUTMAN A P, GIBSON G M, 1998. Zircon ages from meta - sediments, granites and mafic intrusions: reappraisal of the Willyama Supergroup [J]. Australian Geological Survey Organization Record, 25: 86 - 88.

OLIVER N H S, RAWLING T J, CARTWRIGHT I, et al., 1994. High - temperature fluid - rock interaction and scapolitization in an extension - related hydrothermal system, Mary Kathleen, Australia [J]. Journal of Petrology, 35(6): 1455 - 1493.

OLIVER N H S, WALL V J, CARTWRIGHT I, 1992. Internal control of fluid compositions in amphibolite - facies scapolitic calc - silicates, Mary Kathleen, Australia [J]. Contributions to Mineralogy and Petrology, 111(1): 94 - 112.

O'DEA M G, BETTS P G, MACCREADY T, et al., 2006. Sequential development of a mid – crustal fold – thrust complex: evidence from the Mitakoodi Culmination in the eastern Mt Isa inlier, Australia [J]. Australian Journal of Earth Sciences, 53: 69 – 90.

O'DEA M G, LISTER G S, BETTS P G, et al., 1997a. A shortened intraplate rift system in the Proterozoic Mount Isa terrain, NW Queensland, Australia [J]. Tectonics, 16: 425 – 441.

O'DEA M G, LISTER G S, MACCREADY T, et al., 1997b.Geodynamic evolution of the proterozoic Mount Isa terrain [J]. Geological Society London Special Publications, 121(1): 99 – 122.

PAGE R W, BELL T H, 1986. Isotopic and structural responses of granite to successive deformation and metamorphism [J]. Journal of Geology, 94: 365 – 379.

PAGE R W, SUN S S, 1998. Aspects of geochronology and crustal evolution in the Eastern Fold Belt, Mt Isa Inlier [J]. Australian Journal of Earth Sciences, 45: 343 – 361.

PAGE R W, SWEET I P, 1998. Geochronology of basin phases in the western Mt Isa Inlier, and correlation with the McArthur Basin [J]. Australian Journal of Earth Sciences, 45: 219 – 232.

PAGE R W, WILLIAMS I S, 1988. Age of the Barramundi Orogeny in northern Australia by means of ion microprobe and conventional U – Pb zircon studies [J]. Precambrian Research, 3(40/41): 21 – 36.

PAGE R W, 1983a. Chronology of magmatism, skarn formation, and uranium mineralization, Mary Kathleen, Queensland, Australia [J]. Economic Geology, 78(5): 838 – 853.

PAGE R W, 1983b. Timing of superimposed volcanism in the Proterozoic Mount Isa Inlier, Australia [J]. Precambrian Research, 21: 223 – 245.

PAGE R W, SUN S S, MACCREADY T, 1997. New geochronological results in the central and eastern Mount Isa Inlier and implications for mineral exploration. In: Geodynamics and Ore Deposits Conference Abstracts [M]. Canberra: Australian Geodynamics Cooperative Research Centre.

POLLARD P J, MARK G, MITCHELL L C, 1998. Geochemistry of post～1540 Ma granites spatially associated within regional sodic – calcic alteration and Cu – Au – Co mineralization, Cloncurry district, northwest Queensland [J]. Economic Geology, 93: 1330 – 1344.

RAWLING D J, 1999. Stratigraphic resolution of a multiphase intra – cratonic basin system: the McArthur Basin, northern Australia [J]. Australian Journal of Earth Sciences, 46: 703 – 723.

RUBENACH M J, LEWTHWAITE K A, 2002. Metasomaticalbitites and related biotite-rich schists from a low-pressure poly-metamorphic terrane, Snake Creek Anticline, Mount Isa Inlier, north-eastern Australia [J]. Journal of Metamorphic Geology, 20: 191-202.

SALLES R, DOS R, SOUZA F C R, et al., 2017. Hyperspectral remote sensing applied to uranium exploration: A case study at the Mary Kathleen metamorphic-hydrothermal U-REE deposit, NW, Queensland, Australia [J]. Journal of Geochemical Exploration, 179: 36-50.

SCOTT D L, RAWLINGS D J, PAGE R W, et al., 2000. Basement framework and geodynamic evolution of the Pale oproterozoic superbasins of north central Australia: an integrated review of geochemical, geochronological and geophysical data [J]. Australian Journal of Earth Sciences, 47: 341-380.

SHEPPARD S, TYLER I M, GRIFFIN T J, et al., 1999. Paleoproterozoic subduction related and passive marginba-salts in the Halls Creek Orogen, northwest Australia [J]. Australian Journal of Earth Sciences, 46: 679-690.

SILLITOE R H, 2003. Iron oxide-copper-gold deposits: An Andean view [J]. Mineralium Deposita, 38: 787-812.

SIMPSON E L, ERIKSSON K A, 1993. Thineolianites interbedded within a fluvial and marine succession: early Proterozoic Whitworth Formation, Mount Isa Inlier, Australia [J]. Sedimentary Geology, 87: 39-62.

SOLOMON M, HEINRICH C A, 1992. Are high heat-producing granites essential to the origin of the giant lead-zinc deposits at Mount Isa and McArthur River, Australia [J]. Exploration & Mining Geology, 1: 85-91.

SOUTHGATE P N, BRADSHAW B E, DOMAGALA J, et al., 2000. Chronostratigraphic basin framework for Paleoproterozoic rocks (1730-1575 Ma) in northern Australia and implications for base-metal mineralization [J]. Australian Journal of Earth Sciences, 47: 461-484.

SWAGER C P, 1985. Syn-deformational carbonate-replacement model for the copper mineralization at Mount Isa, Northwest Queensland; a microstructural study [J]. Economic Geology, 80(1): 107-125.

WILLIAMS P J, 1998. Metalliferous economic geology of the Mt Isa Eastern Succession, Queensland [J]. Australian Journal of Earth Sciences, 45: 329-341.

WILLIAMS P, BARTON M, JOHNSON D, et al., 2005. Iron oxide copper-gold deposits: geology, space-time distribution, and possible modes of origin [J]. Economic Geology 100th Anniversary Volume, 26: 371 - 405.

WILSON I H, DERRICK G M, PERKIN D J, 1984. Eastern Creek Volcanics: their geochemistry and possible role in copper mineralization at Mount Isa, Queensland [J]. BMR Journal of Australian Geology and Geophysics, 9: 317 - 328.

WINSOR C N, 1986. Intermittent folding and faulting in the LakeMoondarra area, Mount Isa, Queensland [J]. Australian Journal of Earth Sciences, 33: 27 - 42.

WYBORN L A I, PAGE R W, 1983. The Proterozoic Kalkadoon and Ewen Batholiths, Mount Isa Inlier, Queensland: source, chemistry, age, and metamorphism [J]. BMR Journal of Australian Geology and Geophysics, 8: 53 - 69.

WYBORN L A I, 1998. Younger 1500 Ma granites of the Williams and Naraku Batholiths, Cloncurry district, eastern Mt Isa Inlier: geochemistry, origin, metallogenic significance and exploration indicators [J]. Australian Journal of Earth Sciences, 45: 397 - 411.

附录一　实习心得体会

1. 难忘的澳大利亚野外实习之旅——周旭辉(2017 年实习学生)

作为第一届中国地质大学(武汉)与詹姆斯·库克大学联合地质实习的四名学生之一,其实也是怀着非常忐忑的心情前往澳大利亚的。前期的准备工作自不必多说,护照、签证、装备都是我们四人和带队李占轲老师一起搞定的。踏上汤斯维尔土地的那一刻,我们便受到了热情的接待。EGRU 主任常兆山老师的夫人已在机场等候我们多时,开车带我们去提前预定好的民宿放行李,之后便去超市、药店和汤斯维尔海边逛逛。晚上,常老师请我们 5 人吃了一顿大餐。翌日,我们前往詹姆斯·库克大学校园内和另外两位带队老师——Paul 教授和 Ioan 博士见面,他们简要介绍了实习区的地质概况,并表示非常欢迎我们来参加实习。

第三天清晨我们便驱车前往内陆 Cloncurry 地区的实习基地,为了让我们尽快融入实习队伍,我们一行没有坐同一辆车,而是分散坐在不同车上。刚上车自然是比较尴尬,不敢和外国学生打招呼。好在他们热情主动地和我打起了招呼。路程漫漫,期间我们玩起了小游戏打发时间,渐渐地我和他们熟络了起来,狭窄的车厢中洋溢着欢声笑语,我对此次实习之旅也有了更多信心。

晚上我们抵达基地,吃完晚饭后开始两人一组自由组队。澳方这边大学生情况和我国不太相同,我们基本都是 20 岁左右的年轻人,但是澳方学生里面有将近一半都是工作了,因为行业不景气或者想转行而后又返回校园继续深造的,我的队友 Eden 便是如此。Eden 原来在西澳一家矿业公司工作,因为公司效益不好而被裁员,于是他便返回大学继续学习。Eden 有着非常丰富的地质工作经验,待人友好且耐心,在野外填图时十分照顾我这个小年轻,很庆幸自己能在这次实习中遇到这么优秀的搭档。

但是,实习过程其实是非常艰苦的,特别是第二次独立填图,填图区域面积将近 25km²,相当于 20 多个地大校园的面积。我们就这样一步一步,翻山越岭、走过针草地、穿过灌木丛,靠双脚丈量着澳大利亚的土地,一双新的登山鞋到实习结束时都被穿烂了。每天的日程安排都很满,早上七点半从基地出发,下午六点才返回,晚上还有课或者写实习报告,实习生活可谓十分充实。好在实习过程中也有欢乐,在野外见到了许多袋鼠,它们十分机敏,见到人就会立马一蹦一跳地躲起来。和搭档坐在桉树下或溪道旁,吹着平原上的微风,吃着三明治,把橘子当作午餐;或者是爬上最高的平顶山,俯瞰辽阔的澳大利亚内陆,豪迈之情油然而生。时隔三年,甚是怀念这段在澳大利亚艰辛而又快乐的日子!

图 1　2017 年参加联合地质实习的老师与中国学生在 Mary Kathleen 矿坑参观合影

2. 寻梦南半球——陶欢(2018 年实习学生)

初见之喜

经过 21 个小时的旅途,跨越浩瀚的太平洋,我们终于踏上了神秘的澳大利亚。EGRU 办公室 Judy 老师热情的接待了我们,EGRU 老师同学们友好的问候也让我们倍感亲切。我们在第一天听了几个研究生的学术报告,他们对专业的热爱与认真的态度让我很受鼓舞。虽然很多专业相关内容我还不能完全理解,但是他们的报告无论是内容还是展示都十分精彩,让我学到了很多。在听报告的间隙，Judy 和三名中国的学长学姐带我们一起参观了充满生机的 JCU 大学校园，奇特的植物，悠闲自在的野生动物，安静舒适的学习休闲区，丰富的文献资料……一切对我来说都十分新鲜。

第二天，我们同即将一起参加实习的 18 名外国同学见了面并一起进行了出野前的安全培训。晚上，我们受邀去 Ioan 家吃了晚餐，晚餐期间美酒佳肴随着热烈的交流讨论，给了我们完全不一样的文化体验。

第三天，我们便踏上了去 Cloncurry 小镇的路程。8 个小时的汽车旅程，一望无际的原野荒凉且开阔。我们在车上与当地学生加深了交流，熟悉了彼此。到达 Cloncurry 小镇安排好住宿后，老师们安排了次日出野外的具体事宜，我们就在期待中沉沉地睡着了。

图 2　EGRU 办公室 Judy 老师带领中国学生参观校园

实习之乐

野外实习开始了。第一天，Paul 教授和 Ioan 博士带着我们在第一个填图区进行了踏勘，教我们如何使用罗盘和 GPS，还教我们辨认了这个地区的典型岩石和构造。接下来的两天，全班分为两组，分别跟着 Paul 教授和 Ioan 博士进行了填图训练。他们不同的填图风格丰富了我的填图技能，也让我体会到了两位老师认真负责的教学态度以及对地质的深深热爱。接着就是我们以小组为单位进行了两天的独立填图，然后是以个人为单位对一个小区域进行填图练习，为的是发现自己在填图技能上的不足以便及时弥补。个人独立填图当晚我们在填图区附近进行了露营，对于从没有露营经历的我来说满是期待。我在澳大利亚同学的帮助下学会了搭帐篷，恰逢超级美丽的夕阳，我的心情十分美丽。晚上大家围坐在篝火旁，讲笑话、讲故事、聊天、烤棉花糖……一抬头就是满天繁星，银河也清晰可见。接下来的一天我们在露营地附近观察了蓝晶石、夕线石和红柱石，还学会通过原生沉积构造识别地层变年轻的方向。接下来的三天，我们除了编写报告、绘制地图外，还去参观了 Mount Isa 矿山。Mount Isa 矿山坐落在 Mount Isa 小镇，矿山的员工向我们介绍了 Mount Isa 矿床的基本情况，展示了常用的以无人机做矿区地质调查代替传统人工填图的工作方法。他们还带我们到了岩芯库房，在那里我们观察了 SEDEX 型铅锌矿化的典型现象。

7 月 10 号，我们开始了第二个填图区的踏勘。第二个填图区有别于第一个区域，第二个填图区可见很好的矽卡岩矿化，我们在这个区域能看到一整套矽卡岩演化阶段的露头。7 月 11 日，我们还沿着填图区的一条小河进行了地层划分，独立绘制了一张地层柱状图。第二天我们进行了一个小区域的独立细节填图，随后就以小组为单位进行了 3 天的独立填图。报告和地图的完成上交，标志着我们此次野外实习正式结束了。晚上大家在签名板上纷纷留下名字，离别的伤感情绪才突然涌上心头……

图 3　2018 年参加联合地质实习的中澳师生在留言板上签名留言

离别之感

此次联合地质实习，想感谢的人很多。首先是一路带着我们操碎了心的李占轲老师，他沉稳耐心地应对发生的各种意外，从他身上我学会了不管遇到什么问题都要冷静思考、沉着应对。然后感谢 EGRU 的工作人员，尤其是 Paul 教授和 Ioan 博士，他们不仅个人能力很强，而且全心全意教授我们知识，是非常负责任的老师。最感动我的是 Paul 教授来自骨子里的对地质的热爱，以及 Ioan 博士十分耐心的为我们中国学生补课。无论是专业知识还是为人处世，我都从他们身上学到了很多。然后想感谢我们同行的 10 名同学，大家在异国他乡互相帮助，一起经历的美好，我会永记在心。还有澳大利亚当地的 18 名同学，他们对我的帮助和鼓励使我更快地适应了当地的生活，无论是在学习上的帮助还是生活上的鼓励，以及真心地付出和友谊，我都不会忘记。当然，最重要的是感谢学院能给我们这个机会，这 23 天的亲身经历将会是我一辈子的财富，我也会在以后的学习、工作、生活中再接再厉，努力使自己成为真正优秀的国际化地质人才。

从出发开始，每一天都充满了感动。不管是在野外受伤同学们热心帮忙包扎，还是露营时候同学们主动帮忙扎帐篷，还有学习上遇到困难时同学们的耐心讲解，心情不好时同学们的默默陪伴……这 23 天的旅程充满了感动，遇到了这群可爱的人，让我成为了更好的自己。

实习中所见所感极大地激励了我，我发现越优秀的人越努力。这次实习不仅让我开阔了视野，体验了不同的生活方式，还让我认识到了特别多优秀的人。他们不仅热爱地质，还愿意钻研，能把这种兴趣融入到研究的热情中。他们对待自己的学习工作十分认真，毫不含糊。我也应该向他们学习，为自己的未来，自己喜欢的行业，投入更多的汗水，继续追寻我的地质梦！

图 4　2018 年参加联合地质实习的师生在 Mary Kathleen 矿山参观合影

3. 你好,JCU——周子强(2018 年实习学生)

临近澳大利亚时正是晚上,从飞机的舷窗往下看去,星星点点的各色灯光连绵纠缠在一起,勾勒出这大洋洲城市的轮廓。随着飞机逐渐降落,被略微失重感包裹的我并没有预料到,接下来为期几周的野外实习会让我如此怀念。

Townsville 是澳大利亚昆士兰州北部的最大城市,JCU 就坐落在这个美丽的海滨城市。到达 Townsville 的当天,Judy 就带大家简单地参观了校园并听了两场讲座。隔天,Ioan 讲解了出野外的注意事项。第三天,我们就通过漫长的公路之旅最终到达了实习目的地——Cloncurry。

联合地质实习主体可分为两大部分,每一部分又可分为岩性辨认、独立填图、小组填图及报告编写 4 个步骤。正式实习的第一天是岩性辨认,由 Paul 教授和 Ioan 博士带领大家在第一个实习区进行踏勘。第二天、第三天则是依次跟随 Paul 教授和 Ioan 博士学习不同的填图技巧,主要是追索法和穿插法。第四天则是独立填图,在较小的填图区内勾勒出地层边界的细节。其后的两天进行小组填图,并在第三天独立撰写报告。在进行了一天岩石岩性、构造描述的教学后,便开启了第二部分的训练。与第一部分的实习不同,第二部分地层广泛发生矽卡岩化,还发育有许多断裂和褶皱。

实习从一片轻松愉悦的氛围中开始,被 Paul 教授强行"拆散"的大家最终都走出了自己的舒适圈,各自找到了两名澳大利亚学生完成了组队。于是,当大家开始进行小组填图时,就发现了英语其实没那么可怕,地质也是那样的可爱。JCU 的教学十分注重学生独立的实践,短短的两三周中由老师直接引导的学习时间不多。这使得这次实习更像是探索,而非教学。其次,两位主讲老师对实习作业快速且明确的反馈也十分有利于大家调整自己的状态。尤其值得一提的是,Paul 教授始终将对现象的准确描述作为教学的主体,明确要求将观察内容和推测内容独立开来。在我看来,这是一种严谨的科研精神的反映。毕竟,现象是客观的,而解读却是主观的,对客观现象进行详尽的描述是支撑起一个合理地质解释的必要条件。

直到现在,联合地质实习对我而言仍有着鲜活而强烈的记忆,那一天天清爽的早晨、一株株刺人的针草、一张张疲惫但快乐的脸庞……不仅如此,还有头顶一头银发还能将青年学生远远甩开的 Paul 教授,有常常叮嘱大家注意休息多喝水的 Ioan 博士,更有在大家难以用英文表述自我时架起沟通桥梁的李老师和程老师。这次的实习确实给了我很多启迪，无论是学业上的激励还是对个人国际视野的拓宽。因此，我想特别感谢学院和 JCU 对联合地质实习项目的支持，再次感谢李老师和 JCU 各位老师的帮助。

图 5　2018 年参加联合地质实习的所有师生在野外合影留念

4. 遇见 JCU——王珍(2019 年实习学生)

一路向南，初识 JCU

7 月 3 日下午，我们一行 11 人，满怀憧憬的踏上了旅途。一路向南，从北半球到南半球，从夏天到冬天，从熟悉到陌生。7 月 4 日的中午我们终于抵达了汤斯维尔，首先迎接我们的是清爽的微风，虽然当地正值冬季，但由于汤斯维尔位于昆士兰州北部，属热带气候，冬季也很温暖。到了住处，呼吸着新鲜空气，我们开始感受这里的一切，从语言到文化，从

图 6　中国学生在汤斯维尔的住处

天气到环境;每一秒都在接受新的事物。傍晚,JCU 的老师邀请我们去海边的酒吧共进晚餐,我们第一次品尝到了当地的美食和美酒。我们也见到了在 JCU 任教的中国老师,还有在这里联合培养的优秀学长、学姐,以及即将带我们进行实习的两位主讲老师。晚饭期间,氛围十分轻松悠闲,大家在一起开心畅谈。这一天,伴着海风,远处不时升起绚烂的烟花,十分浪漫。

第二天,我们来到了 JCU 参加安全培训课程,这也是我们首次与即将和我们一起实习的外国同学们见面。实习主讲老师讲解完实习注意事项后,大家进行了简单的自我介绍。谁都不知道接下来的实习将会发生怎样的故事,大家紧张又期待。中午,我们一起在学校吃了午餐。初次见面,双方学生还是显得有点羞涩;渐渐地,我们开始尝试与他们交谈,也了解了一些他们在学习生活中的趣事。饭后,在 JCU 留学的中国学长学姐带领我们参观了 JCU 的校园和实验室,领略到了不同于国内大学的教室、大厅陈列以及图书馆等。最令我印象深刻的是,校园里随处可见小动物,教学楼的大厅中还有水族箱,到处都充斥着大自然的气息。

一路向西,前往 Cloncurry

7 月 6 日,我们踏上了去往实习地——Cloncurry 的征程。自汤斯维尔向西行驶 600 多千米,沿途全是一望无际的戈壁和一眼万里的蓝天。偶尔经过几个静谧的小镇,居民很少但是基础设施齐全。路上时不时还能遇到几头牛羊,一切都是那么地贴近自然,我们的心情也跟着晴朗起来。就这样,一路走走停停,我们终于在天黑之前赶到了实习期间所住的房车营地。

图 7　实习期间在 Cloncurry 居住的房车营地

实习点滴，全新体验

7月7日，野外实习正式开始了，一切都充满了未知。我们驱车到达实习目的地后，由实习主讲教师带领我们认识岩性。这里的露头大片大片地裸露在地表，各种构造现象也十分明显，非常利于观察。刚开始，除了感叹这些经典的野外地质现象外，我更多的是不安。因为我发现许多专业词汇都听不懂，加之对识别岩性也有些力不从心，第一天的出野实习让我十分焦虑。很快，我就从焦虑中回过神来，不停向老师、同学请教，慢慢地，专业词汇都能听懂了，工作强度也能适应了。虽然实习过程有些艰辛，但看了这么多地质现象，岩性识别和定界线的能力迅速提升，成就感满满。

经过了第一阶段的填图工作后，我们迎来了令人兴奋的露营。我第一次学会了如何搭帐篷，第一次参加了篝火晚会，第一次在户外入眠……感觉兴奋又刺激。在晚上的篝火晚会中，伴着欢快的音乐，大家互相畅聊，气氛融洽。夜色渐晚，火苗在大家的欢声笑语中慢慢暗淡下来，抬头仰望天空，满目星光，在这浩瀚的星空下，自己显得极其渺小。闭上眼睛，感受着远离城市喧嚣的宁静，无拘无束。

难忘的露营结束后，迎来了第一阶段的填图成果报告及图件的编写与制作。紧接着，我们在老师的带领下参观了当地的一座矿山，在参观之余，也学到了不少知识。在放松了一天之后，第二阶段的填图工作又开始了，在经历了第一次填图之后，这一次显得游刃有余。在7月20日，我们顺利地完成了所有填图工作，21日完成了实习报告和图件，所有实习内容至此全部完成。

图8　实习师生搭帐篷准备露营

回顾旅程，收获成长

为期三周的地质实习结束了，7 月 25 日我们踏上了回国的路，离别总是不舍。坐在飞机上，回想起在这里经历的一切，不论是学习还是生活，都是全新体验。在学习上，老师们十分注重发挥学生的自主性，他们鼓励自己发现错误、改正错误，指导学生自主学习。老师与学生像朋友一样，交流起来十分轻松。两位主讲老师十分敬业，尤其是 Paul 教授对地质的那种热爱，让我心生敬佩。Paul 教授还很贴心，每当在回去的路上遇到一些野生动物时，他总会停下车让我们观看，甚至会在小镇上专门绕路带我们去看鸵鸟。同学们也都十分友好，他们会在我们需要帮助的时候伸出援手，也会耐心地教我们英语，有时我们也会教他们一些简单的中文。

关于这次联合地质实习的收获，我想除了获得地质知识和技能以外，更重要的是开拓了眼界，体验了不一样的自然环境、生活方式以及文化。澳大利亚生活悠闲，节奏很慢，很多店铺在下午四点多就已经关门了。这里有浓厚的酒吧文化，也许你很难找到一家专门的餐厅，但酒吧却随处可见，吃饭甚至也是在酒吧里。除了生活上的新体验、新感受外，我认为作为新时代的大学生，除了学好课本中的知识以外，能有机会走出国门去体验全新的环境，是非常难得的机会。这次海外联合地质实习，不仅拓宽了我们的视野，为后续更深入的国际交流打下基础，更丰富了我的人生。我很感谢学院能够给我们提供这样一个宝贵的机会。

图 9　2019 年参与联合地质实习的中国学生在 JCU 校门前合影

5. 难忘澳大利亚行——杨乐乐(2019年实习学生)

再次踏进地大校门的时候,我才意识到这次长达20多天的赴澳实习真的结束了。在回国的飞机上我还在回忆这20多天里那些让人印象深刻的时刻:初到汤斯维尔的激动,和大家在野外翻山越岭、穿越草丛的艰苦,坐在石头上吃卷饼的满足,围坐在篝火旁听歌聊天的悠闲自在,在动物园里游玩的兴奋愉快……

7月3日的下午,李老师和我们10个学生在学校主楼前拍完合影后,便坐上小巴士前往天河机场,赴澳实习的序幕被缓缓拉开。第二天的下午,我们到达汤斯维尔市。当晚,JCU的几位老师与我们在海边的餐厅共进晚餐,以此欢迎我们的到来。身体的疲惫丝毫没有抑制我无比激动的心情,我对这里的一切都感到新奇,对接下来的20多天满怀期待。这20多天里,丰富多彩的经历、奇妙的文化体验、暖心的人文关怀、美丽怡人的景色、可爱俏皮的动物……让我觉得不虚此行。

图10 Paul Dirks教授在野外介绍填图区地质概况

Paul教授是此次海外联合地质实习的带队老师之一,他是一名资深的地质学教授。他可以就一个现象给我们非常系统地讲解很多知识,也可以在短短几天内填出一张非常漂亮的地质图。但我对他印象最深刻的是他似乎总是给我特别的关心,他总是在给大家讲解后会问一句:“乐乐,你懂了没有?”我知道,这是因为我的英语相对较差,他想尽量让我明白。如果我回答没懂,他便会很耐心地再给我单独讲一遍。个人独立填图的那一次,我在野外遇见了Paul教授好几次。在我们之间还有点距离的时候,他就会叫住我,让我给他看看我填的图。他会很认真地指出我的问题并给出建议,碰到我不懂的词汇,他也会耐心地解释,甚至给我画示意图。

Teimo是我们这次实习的助教,很巧的是,我和他被分配在同一个房间。

他善解人意，乐于助人。他知道我们不太擅长英语口语，所以他和我们说话时语速很慢，而且尽量用一些简单的词汇。在填图和编写报告时他也会热心地询问我的情况，给予了我很多帮助。

还有一个让我十分感动的小故事。San 和 Acacia 是我的两名澳大利亚搭档。那天我和他俩一起在 Cloncurry 独立填图。当我们穿越高高的草丛时，我不小心遗失了我的野簿。他俩知道后都停下了行进的脚步，开始在我们刚刚活动的范围内帮我找野簿。找了将近半个小时，仍一无所获。就在我准备放弃时，他们在草丛中发现了我的野簿。那一刻，我特别感动。

20 多天虽然很短，但却很充实，收获满满。在良好的语言环境下与人交流，我提升了自己的英语表达能力；在野外两个阶段的填图任务中，我学到了更多的地质知识并强化了填图能力；在 Cloncurry 小镇的酒吧看球赛感受了澳式足球文化；参观动物园并与澳大利亚的动物进行了亲密接触……我不愿意停下笔，那些难以忘怀的人和事实在太多。我相信，这些美好的时刻会定格在我的记忆里，成为我人生中的宝贵财富，待我慢慢回味。

图 11　2019 年参加联合地质实习的中澳师生在 Mary Kathleen 矿山参观合影

附录二　实习区常见中英文地质词汇表

English - Chinese geological vocabulary list in Mount Isa area, Australia

1. 区域(Region)

Appalachian orogeny　阿帕拉契亚造山运动

back-arc setting　弧后环境

Baramundi orogeny　贝洛蒙迪造山运动

belt　区带

Cloncurry　克朗克里

contractional orogenesis　挤压造山作用

drone　无人机，遥控飞机

extension　拉张

inlier　内窗层

intra-continental　大陆内部

Isan orogeny　伊森造山运动

Mount Isa　芒特艾萨

orogenic　造山运动的

Pan - African orogeny　泛非造山运动

rifting phase　裂谷阶段

tectono stratigraphic　构造地层的

unit　单元

zone　区域

2. 地层(stratum)

basic sedimentary terms　基本的沉积条件

bed form　河床形状、底形
breccia　角砾岩
calc-silicate　钙质硅酸盐，亦作 lime-silicate
carbonate　碳酸盐
clast　碎屑岩
Corella Formation　科雷利亚组
cross - bedding　交错层理
foreset　前积层
formation　地层；组
graded bedding　粒级层；序粒层
horizontal laminations　水平纹层
intercalation　夹层
interlayer　隔层、夹层
layer　岩层
Llewellyn Creek Formation　卢埃林溪组
Mount Norna Formation　诺纳山组
mudstone　泥岩
pelite　泥质岩
psammite　砂屑岩
quartzite　石英岩、硅质岩
sandstone　砂岩
sedimentary basin　沉积盆地
siltstone　粉砂岩
Soldiers Cap Group　士兵帽群
stratigraphy　地层学
Toole Creek Volcanics　图尔溪火山岩
well-bedded　层次分明的
younging　变年轻的
younging direction　变新方向

3. 构造(Structure)

axial　轴向的

axis 轴线

aeromagnetic 航空磁测的

anticline 背斜

bedding 层理

boudinage 石香肠构造

brecciation 角砾岩化作用

cleavage 解理，劈理

cleavage domain 劈理域

cleavage microlithon 微劈石

collapse 塌陷、滑塌

crenulation 细褶皱

crenulation cleavage 细褶皱劈理

declination 倾斜；偏差

magnetic declination 磁偏角

decollement 滑脱构造；脱顶褶皱

deform 变形

detachment 拆离

dip 倾斜

dip direction 地层倾向；倾斜方向

fabric 组构；构造

fault 断裂；断层

fold 褶皱

foliation 片理、面理

fracture 裂理

GIS(Geographic Information System) 地理信息系统

groove 挖槽

hinge 铰链；中枢

hydrothermal 热液的；热水的

intersection 交叉

lineation 线理

lingering 拖延的；延缓的

microfabric　显微组构

mineral database　矿物数据库

nappe　推覆体

normal fault　正断层;正常断层

orientation　方位

pitch　倾斜;扎营

remote　遥感

schistose　片岩的;片岩状的

scour　冲刷痕

seismics　地震学;地震探测法

strike　撞击;冲击

syncline　向斜

tectonic　构造的

tectono - metamorphic　构造变质的

thrust　逆断层;逆冲断层

trend　趋势;走向

trend line　趋势线;走向线

4. 岩浆岩(Magmatic Rock)

amphibolite　角闪岩

basalt　玄武岩

bimodal　双峰式

coarse - grained　粗晶的

coarsen　粗晶化

diorite　闪长岩

dolerite　辉绿岩

felsic volcanic　长英质火山岩

gabbro　辉长岩

gneiss　片麻岩

granite　花岗岩

granodiorite　花岗闪长岩

magma　岩浆

matrix　基质;脉石

metabasalt　变质玄武岩

metadolerite　变质辉绿岩

porphyry　斑岩

porphyritic　斑岩的

rhyolite　流纹岩

tonalite　英云闪长岩

5. 造岩矿物(Rock-forming Mineral)

actinolite　阳起石

albite　钠长石

almandine　铁铝榴石

andalusite　红柱石

biotite　黑云母

chamosite　鲕绿泥石

chlorite　绿泥石

chloritoid　硬绿泥石

clinoclore　斜绿泥石

cordierite　堇青石

cummingtonite　镁铁闪石

diaphaneity　透明度

diopside　透辉石

epidote　绿帘石

feldspar　长石

garnet　石榴子石

graphite　石墨

grossular　钙铝榴石

idioblastic　自形变晶的

inclusion　包裹体

index mineral　指示矿物

kyanite 蓝晶石
luster 光泽
mica 云母
mohs scale hardness 莫氏硬度
monazite 独居石
muscovite 白云母
needle-like mineral 针状矿物
plagioclase 斜长石
platy mineral 扁平状的矿物
poikiloblast 变嵌晶
porphyroblast 斑状变晶
pseudomorph 假晶
pyrope 镁铝榴石
pyroxene 辉石
rutile 金红石
scapolite 方柱石
sericite 绢云母
sillimanite 硅线石
skarn 矽卡岩
specific gravity 相对密度
spessartine 锰铝榴石
staurolite 十字石
streak 条纹
subidioblastic 半自形变晶的
tenacity 韧性
tourmaline 电气石
transect 横断面
tremolite 透闪石
twinning 双晶
vesuvianite 符山石;维苏威石
wollastonite 硅灰石

xenoblastic 他形变晶的

zoisite 黝帘石

zircon 锆石

6. 矿石矿物(Ore Mineral)

argentite 辉银矿

arsenopyrite 毒砂

azurite 蓝铜矿

bismuthinite 辉铋矿

bornite 斑铜矿

cassiterite 锡石

chalcocite 辉铜矿

chalcopyrite 黄铜矿

chromite 铬铁矿

cinnabar 辰砂

covellite 铜蓝

cuprite 赤铜矿

electrum 银金矿

enargite 硫砷铜矿

galena 方铅矿

goethite 针铁矿

hematite 赤铁矿

ilmenite 钛铁矿

magnetite 磁铁矿

malachite 孔雀石

molybdenite 辉钼矿

native gold 自然金

native silver 自然银

niccolite 红砷镍矿

orpiment 雌黄

pentlandite 镍黄铁矿

pyrite　黄铁矿

pyrrhotite　磁黄铁矿

realgar　雄黄

sphalerite　闪锌矿

stibnite　辉锑矿

tennatite　砷黝铜矿

tetrahedrite　黝铜矿

wolframite　黑钨矿

7. 其他(other)

asymmetry　不对称

brambly　有刺的;荆棘多的

bulk composition　总成分

bull　公牛

bush　灌木;矮树丛

caravan　大篷车;房车

compass　罗盘

cows　牛;乳牛(cow 的复数)

creek　小河

creel　鱼篮;捕虾笼

dioctahedral　二八面体的

dominate　占优势

Easting　朝东方的

ellipse　椭圆

field mapping course　填图课程

gaiter　绑腿;长筒橡胶靴

GDA(Global Data Area)　全球数据区

geochronology　地质年代学

great circle　大圆;大圆弧

grid reference　参考坐标格网

inclination　倾向;斜坡

inclinometer　倾斜计;倾角计

intersection line　交叉线;相交线

isograd　等变线

isopleth　等值线

kookaburra　笑翠鸟(澳大利亚土著语)

latitude　纬度

longitude　经度

mesoproterozoic　中元古代

metamorphic　变质的

mid-proterozoic 中元古代

northing　朝北的

octahedral　八面体的

opaque　不透明的

pole　杆;极点

pseudosection　假剖面

P-T-t path　P-T-t 轨迹

pub　酒馆;酒吧

salad bowl　色拉盘

small circle　小圆;小回环

spinifex　三齿稃(多产于澳大利亚)

stereonet　球面投影网

stream　溪流

tetrahedral　四面体的

trailer　拖车

UTM(Universal Transverse Mercator projection)　通用横墨卡托投影

WGS84　世界测地系统 84 坐标系